JN068280

RAILWAY
VIADUCT
DESIGN
鉄道高架橋デザイン
土木学会 景観・デザイン委員会
鉄道橋小委員会 著
建設図書

旧万世橋（1912）．mAAch ecuteとしてリニューアル（2013）．
ブルネル賞，グッドデザイン賞，日本建築学会賞を受賞

レンガアーチの新永間
市街線高架橋（1909）

阪急神戸線 原田拱橋（設計：阿部美樹志，1936）．
中央径間長32.5 mの連続RCアーチ橋で道路を跨ぐ

阿部美樹志の設計による
東急大井町高架橋（1926）

東海道新幹線では側径間をベタスラブにして架道部を長支間化

先人の技に学ぶ

鉄道の高架橋は，重い車両を載せ，その走行時の変形と騒音を抑制できる構造でなければならない．そのため煉瓦造や鉄筋コンクリート造の頑丈な構造が求められ，ゴツい姿になりがちという宿命がある．

御茶ノ水両国間市街線浅草橋駅の張出し構造（1932）

伸縮継手の位置がわからないほど統一感がある

門型ラーメン橋脚にスラブを架けた秋葉原の2k540．東京上野間市街線では多様な構造が実現した（1925）

わが国の鉄道高架橋は東京万世橋駅間市街線（1919）で技術の国産化を果たした．その後関東大震災（1923）で新しい知見を得，東京上野間市街線（1925），御茶ノ水両国間市街線（1932）で進化を遂げた．民鉄でも都市に適した意匠と構造が模索されている．
いずれも高架下の空間利用を前提として計画され，やがてビームスラブ式ラーメン構造の下に様々な店舗が収まるというわが国独自の《高架下文化》が築かれた．

品鶴線（横須賀線）の直上高架を実現した東海道新幹線

構造美に迫る仕事

丸の内口は皇居やわが国有数のオフィス街に面した《日本の玄関口》である．道路を縦断占用し，かつ高い位置に建設されることから，道路管理者からも厳しい条件が付けられた．事業者は学識者を招いて景観設計検討委員会を組織するとともに，難度の高い構造計画・施工計画に関する技術開発を推し進め，世界に類を見ない造形の高架橋を，400 m一斉横移動という前例のない架設方法で成し遂げた．今なおわが国の鉄道高架の頂点に立つ作品である

オリンピックの開催に合わせて長野新幹線の東京駅乗り入れが決まった．そのため八重洲側の線路を順次丸の内側に移設し，最後にJR中央線を重層化することになった

中央線東京駅付近高架橋（1995）

街区側の柱からは中層梁（橋軸方向と直角方向の水平梁）が省かれた．これをカバーする構造は難しかったが，効果は絶大だった

構造美に迫る仕事

2橋はわが国初の鉄道橋の設計競技で構造案が選定された．迷惑施設に陥りやすい「公園を貫く鉄道橋」を「広瀬川の景観を引き立て，公園の中の橋として快適性を提供できる環境装置」に変換したことが評価されたものである（2015）

仙台地下鉄東西線西公園高架橋はスパンがわずか5mのCFT柱
で支えられたRCラーメン橋で，桁下はプロムナードになっている

仙台地下鉄東西線広瀬川橋梁はPRCラーメン構造で高架橋と
繋がる．外側の開水路の効果で異種構造が違和感なく連続した

整序のお手本

JR東北線平泉～前沢間衣川橋梁のアプローチ南高架橋（2008）．
世界遺産に登録された平泉に近く，中尊寺東物見台からの眺望に配慮するため，RCラーメンとしては最大級の「支間20mの3～4径間背割り式」が採用された．
この区間は従来は盛土構造だったが，一関遊水地事業に伴う河川改修事業により約4.0m扛上する必要が生じ，盛土案との比較を行って経済的な高架橋案が選ばれた．人工物の印象を和らげるため，高架橋の両側面に修景植樹が施されている．

この高架橋を美しく感じる理由は幾つかある．背割り構造の採用によって20mの大支間で整然と並んでいること，電柱が40m間隔に統一され，電柱用の梁が橋脚位置に合わせて配置されていること，床版の張出長が1.7mあって陰影効果によってスレンダーに見えること，防音壁を設置する必要のない立地であること，梁の変断面のカーブが滑らかでリズミカルに見えること，修景植樹によって裾がやわらかい印象を与えることなどである．
特に桁の滑らかなラインは，直線状のハンチや長さ2m程度の曲線状ハンチにすることが多い中で，片側8mもの擦り付けを行って等断面区間をわずか2m程度に抑えることによって実現した．
1990年代以降，高架橋の美しさの源泉は《統一感》と《連続感》にあるとされ，事業者は支間割をはじめ各部位の整序に意を尽くしてきた．この高架橋は，それらのセオリーを遵守すれば十分に美しい高架橋が得られることを如実に示している．もちろん，この構造が《先端プレロード場所打ち杭工法》や《内巻きスパイラル鉄筋》，《背割り構造》などの弛まぬ技術開発成果によって価格競争力を獲得したことを忘れてはならない．

土讃線高知駅付近高架橋（2008）．単純桁をゲルバーで納め，桁裏に突出物を生じさせない造形

整序のお手本

1980年代の終わり頃から，「美しさ」もインフラが具備すべき要件のひとつであるとし，経済成長時代の「速く安く大量に」造るための設計手法を見直そうという運動が国の主導で始まった．鉄道事業者も独自の取り組みを開始し，景観設計ガイドラインを整備するなどして良好な景観形成に努め，現在に至っている．
ガイドラインには景観形成の概念や地域個性を有することの重要性とともに，どのように統一感，連続感を獲得するべきかという点に重きを置いた解説がなされた．
ここに示した新設高架橋では，コストをにらんだ試行錯誤をしつつも様々な創意工夫がなされている．

新開発のアーチスラブ式構造，つくばエクスプレス第3平井高架橋（2005）

北陸新幹線長野市赤沼付近高架橋（2011）

津波で被災後，まちづくり計画とセットで移設された常磐線の埒木崎第三高架橋（2016）．写真は単線区間で，スパン20 mの背割り式構造，高架下利用に影響がないため杭との接合をRC巻き立てとしている

京都市内の山陰線二条高架橋（1996）

近鉄京都線の十条高架橋（1999）

北陸新幹線ではハンチを省いた構造が多用された

北陸新幹線今村新田地区高架橋（2011）．市街地の住環境を考慮して支間32～37 mの連続PC箱桁が採用された

視点への配慮
視点場の構築

仙台地下鉄東西線では，広瀬川橋梁の整備とセット
で起点側・終点側の歩道の視点場整備が実施された

北彩都計画の一環で高架化された富良野線は，旭川駅と忠別川との間に整備される広大な河川公園の上を横断するため，周辺からの見られ方と列車からの眺望とを入念に検討して形態が決められた

優れた景観は，それを眺望する場があって初めて生きる．つまり，高架橋本体だけが美しくなっても効果はなく，人々のアクティビティを把握したうえで，重要な視点場からの高架橋の見え方や，高架橋を走行する列車の乗客からの眺望などを予測して計画しなければならない．したがって，その検討に基づいて視点場を整備することも重要なのである．
景観デザインは「見え方の整理を行うこと」だと考えられがちだが，美しいものを提供することは通過点であり，真の目的は「優れた景観を仲立ちにして地域の魅力を向上させること」なのである．

京都鉄道博物館の屋上スカイテラスからは，東海道新幹線JR京都線，山陰本線，嵯峨野線と車両基地が一望できる．ここには列車位置情報システムのモニターが置かれ，多くのファンで賑わっている

高架下の利活用

東武東京スカイツリーライン「東京ミズマチ」.
高架橋のファサードを前面に出したデザイン

中央線旧昌平坂駅跡のレンガアーチ高架橋.
この歴史的建造物の風格を活かさない手はない

中央線武蔵境～東小金井間「ののみち」．建築家は高架橋のフォルムを用いることなく，フレームワークによる新しいファサードを構築した

「ののみち」の架道部

秋葉原2k540ではフラットスラブの造形を活かした

優れた景観は，それを眺望する場があって初めて生きる．つまり，高架橋本体だけが美しくなっても効果はなく，人々のアクティビティを把握したうえで，重要な視点場からの高架橋の見え方や，高架橋を走行する列車の乗客からの眺望などを予測して計画しなければならない．したがって，その検討に基づいて視点場を整備することも重要なのである．

景観デザインは「見え方の整理を行うこと」だと考えられがちだが，美しいものを提供することは通過点であり，真の目的は「優れた景観を仲立ちにして地域の魅力を向上させること」なのである．

残された検討課題

札幌市営地下鉄南北線の高架部シェルター．雪対策と騒音対策のため，1972年の開業当初にアルミ合金製の覆いが設置された．鉄道では世界で唯一のものである

整序論では解決できない課題，その最たるものは防音壁だろう．騒音対策に欠かせない設備だが，これが鉄道橋を重々しく感じさせる要因である．260 km/h走行では3.5 m，320 km/hでは4.5 mの高さが必要となり，後者は電車の窓を覆う．電車の見えない橋，風景の見えない車窓など150年間築いてきた鉄道文化にそぐわない．
高さを抑えるには多重回折・干渉型防音壁，パンタグラフ遮音板，透光板の設置が考えられる．更なる改良や普及が待たれるが，高速鉄道ではいよいよシェルター付きの「全天候型高架橋」を真剣に考えるべきかもしれない．これは悪天候，電柱・電線の煩雑感，そして騒音問題を一挙に解決できるのである．

仙石線鳴瀬川橋梁のナイロンコード入りアクリル板．ここでは防風板として設置された

次世代新幹線試験車両ALFA-Xのパンタグラフ遮音板．音の発生源に最も近い防音装置である

多重回折・干渉型防音壁．高さを抑えるための努力は弛まずに続く

土木学会 景観・デザイン委員会 鉄道橋小委員会

委員長	齋藤 潮	（東京工業大学）
委　員	池端 文哉	（パシフィックコンサルタンツ）
委　員	ウォン イエンスイ	（復建エンジニヤリング）
委　員	後藤 孝一	（八千代エンジニヤリング）
委　員	志田 悠歩	（パシフィックコンサルタンツ）
委　員	清水 靖史	（JR東日本コンサルタンツ）
委　員	進藤 良則	（鉄道建設・運輸施設整備支援機構）
委　員	醍醐 宏治	（東日本旅客鉄道）
委　員	友竹 幸治	（JR東日本コンサルタンツ）
委　員	二井 昭佳	（国士館大学）
委　員	野澤 伸一郎	（東日本旅客鉄道）
委　員	畑山 義人	（元 JR東日本コンサルタンツ）
前委員	倉岡 希樹	（東日本旅客鉄道）
前委員	高橋 沙希子	（東日本旅客鉄道）
前委員	南　邦明	（鉄道建設・運輸施設整備支援機構）

はじめに

鉄道橋はゴツイ

重い列車が通行し，たわみ制限も厳しい鉄道橋は，道路橋に比べるとスパンは短く，桁も柱もゴツくなりがちだ．だからデザインの評価も決して高くはない．

でも，この宿命を「鉄道橋ならではの美」に変換できないだろうか．

技術開発は弛まず続いている

一方で，わが国に鉄道が導入されて以来，鉄道橋に関する技術開発は弛まずに続いている．特に都市部の改築・新設事業における工期・コストの主たる決定要因は施工計画であり，生産性の向上・安全性の確保・メンテナンスフリー・環境保全に寄与する構造技術と施工技術が次々と開発されてきた．長支間化，工事桁の本設化，プレキャスト化，CFT柱の活用など，対象は様々である．

でも，これらを美的に表現するにはどうしたらよいだろうか．

中央線東京駅付近高架橋から27年

過去には鉄道橋の景観デザインに取り組んだ事業主体があった．なかでも，東京駅付近の中央線を重層化することを契機に誕生した中央線東京駅付近高架橋（1995年供用開始）は，今なお日本の鉄道150年の高架橋デザインの頂点に立つ作品である．また，わが国初の鉄道橋設計競技で計画案が選定された仙台市高速鉄道東西線の広瀬川橋梁と西公園高架橋（2014年開通）も鉄道界のデザインマインドを刺激した．

しかしながら，デザイン的な歩みは緩やかであると言わざるを得ない．

このへんでひとつ考えてみよう

以上のことを踏まえ，私たちは，鉄道高架橋の景観デザインを向上させ，併せて駅付近や沿線のまちづくりに貢献できる鉄道インフラのあり方について，腰を据えて研究しようと考えるに至った．2018年，土木学会景観・デザイン委員会に学識者，鉄道事業者，設計実務者からなる「鉄道橋小委員会」を設置して活動を始めたのである．

研究対象は鉄道橋全般だが，本書では橋梁（Bridge）と高架橋（Viaduct）のうち高架橋をターゲットとして成果をまとめた．その理由は，鉄道高架橋は河川を渡る橋（渡河橋）や道路を跨ぐ橋（架道橋）などの独立した橋梁よりも長く，周辺地域に近接した施設であり，都市環境や生活環境への影響が極めて大きいからである．ただし，デザインを考えるうえでは渡河橋や架道橋を含めた連続体として扱う必要があるため，それらについて言及している部分もある．

世界一の旅客輸送人数と高い定時性

よく認識されているように，日本の鉄道は世界的に見て大変特殊である．軌間は1,067 mmの狭軌で発展し，その後世界で初めて高速鉄道の営業運転を始め（1964年開業の東海道新幹線，標準軌1435 mmを採用），現在では高い旅客輸送密度（東海道新幹線では最大毎時16本）と高い定時性を背景に，世界一の年間旅客輸送人数（約250億人：2017年）を誇っている．第二位のインドがこの3割以下だからダントツである．

ユニークな高架橋と高架下文化

鉄道高架橋もまた欧米とは大きく異なり，全国各地で同じようなRCラーメン構造が連なり，都市内の鉄道高架下には多くの店舗が営業していて，日本独自の高架下文化を築いている．

このようなユニークさは，しばしば国土の狭さ，人口の密集，治安の良さ，衛生意識の高さ，勤勉な国民性，マニアックな技術を尊びオタク文化を育む国民性などとセットで語られる．確かに過密ダイヤと定時性を支えるのは高度な技術だけでなく，国民のニーズと鉄道マンのプロ意識であろう．若冲のポップアートや清張の『点と線』のトリックを楽しむ感覚と相通じるものがあって「緻密で正確な運行が築く文化」は間違いなく国民の誇りである．

鉄道高架橋が果たすべき役割

しかし，このユニークな鉄道文化に，鉄道高架橋はどのような貢献をしてきたのだろうか．そして，これからの鉄道高架橋はどうあるべきなのだろうか．本書ではそれらを以下の4編に分けてまとめた．

第1編では，わが国独自の鉄道高架橋のフォルムと高架下の活用形態がいかにして誕生し，発達してきたかを明らかにした．

第2編では，鉄道高架橋の現代の到達点を，在来線と新幹線に分けてそれぞれ技術・デザインの両面から解説し，残された課題を指摘した．

第3編では最近の高架下空間の利用形態や都市への貢献を分類・整理し，望ましい高架橋の構造形態と関わり方について考察した．

そして第4編では，以上を踏まえて鉄道高架橋の美学を論じ，鉄道高架橋の技術とデザインに関する発展の糸口を探り，今後のあり方を提案した．

さて，気象変動や人口減少に加え，With Coronaの時代を迎えて，いま社会は大きな変化を余儀なくされている．鉄道の利用形態，社会への関わり方も少しずつ変容していくのだろう．そして，私たちエンジニアやデザイナーにも，それらのより良い方向を具体的に考え，実行していく責務がある．

本書が今後の鉄道高架橋の計画・設計，そしてまちづくりに役立つことを期待したい．

目　次

第1編

鉄道高架橋の技術的変遷を辿る

1. わが国の鉄道高架橋の技術とデザインの変遷[1)]

鉄道は土工部にマクラギとレールが敷設されるのが基本形であり，河川や渓谷，道路などの支障物を横断する部分に橋梁や函渠などの構造物が用いられる．しかし，それでは地域が分断されるので，明治後期から都市部では平地でも高架橋による連続立体交差化が主流となった．在来線や高速鉄道の新線はもちろん，既設路線の高架化が地方都市でも進められた結果，鉄道高架橋は実に鉄道らしい景観のひとつとして市民に定着している．

わが国の鉄道高架橋は次第に「RCビームスラブ式連続ラーメン形式」が主流となり，しかも高架下を店舗や倉庫など多目的に活用している．このスタイルは日本独自のものであるが，最近はそれを打破する形態も生まれてきた．この章ではいまに至る計画・設計技術的変遷をまとめることとする．

1-1　戦前の高架橋[2),3)]

わが国の鉄道高架の嚆矢は，1904年に私営の総武鉄道が現在の錦糸町～両国間に造った単純鈑桁橋（延長約1.5km，橋脚は煉瓦造）である．道路交通を阻害させないための施設だったが，騒音がひどく，1937年に更新されて今はない．現存する最古の高架橋はベルリン市街線をお手本にした煉瓦アーチ構造による官営の新永間市街線（現在の通称東京高架橋，**写真1-1**）で，1909

写真1-1　新橋～東京間の新永間市街線高架橋．ベルリン高架鉄道がモデルの煉瓦アーチ．設計指導はフランツ・バルツァー（1909）

写真1-2　東京～万世橋間高架橋の外濠橋梁．阿部美樹志設計，径間125ft（38.10m），この路線ではRC躯体を煉瓦や御影石で被覆した（1919）

写真1-3 御茶ノ水～万世橋間高架橋. 1912年に旧万世橋駅として開業し，その後旧交通博物館，現在は商業施設mAAch ecuteとして整備

写真1-4 アーチ内の北側の店舗は通路で結ばれている. ブルネル賞，グッドデザイン賞（2014），日本建築学会賞（2016）を受賞

年に品川から新橋まで完成し，翌年には呉服橋仮駅（現在の東京駅の北側）まで延長された. 架道橋には鈑桁を使用した. また，甲武鉄道市街線の万世橋高架橋も同じ煉瓦アーチで，国に買収された後の1912年に完成している（**写真1-3**）. いずれも耐震補強がなされて100年以上経った現在も立派に機能し，アーチ内部は店舗に活用されている（**写真1-4**）.

その後は国産のセメントを使った鉄筋コンクリート構造が用いられるようになる. 1919年には東京高架橋と万世橋高架橋を結ぶ東京～万世橋間市街線がRCアーチ構造（煉瓦被覆）で造られた. 外濠橋梁は径間125ft（38.1m）の堂々たるもので，御影石で被覆された（**写真1-2**）. 一部の軟弱地盤区間では軽量化のためにRC単純スラブ桁が試みられた（現存）.

続く東京～上野間市街線（1925年）ではRCまたはSRCの3径間連続スラブ桁（支間4.6m，橋脚はRCラーメン構造）が登場する（**写真1-5**）. また，鉄道省を1920年に辞して設計事務所を構えた阿部美樹志は，阪急，東横電鉄，目蒲電鉄などのRCビームスラブ式連続ラーメン高架橋を設計し，同じ頃に次々と完成を迎えていた（**写真1-6**）.

このようにRC造のスラブ桁やラーメン構造が続々と登場すると，桁下の内部空間が広く活用でき，しかも1923年の関東大震災で鉄筋コンクリート構造の優秀さが認識されていたことから，地震国で国土の狭いわが国にふさわしい構造形態であるとの評価が生まれた.

これ以降，RCラーメン高架橋は関西や私設鉄道にも広がり，構造形式や規

写真1-5　東京～上野間市街線高架橋（1925）．RCまたはSRCの連続スラブ桁＋RCラーメン橋脚．写真は2k450というショッピングモール

写真1-6　鶴見臨港鉄道高架橋（1930）．端部の梁が上部に突出し，下路桁のような構造になっている．高架下を広く使うための配慮と考えられる

模を拡大していく．折しも関東では震災復興事業によって近代的な構造物や道路・公園が次々と整備された時期であり，御茶ノ水～両国間市街線（東京～上野間市街線のさらに上を跨ぐ）でもチャレンジングな構造が次々と誕生していた（**写真1-7**）．

こうして，わが国独自の鉄道高架橋のスタイルは，早くも戦前にはほぼ固まったのである．なお，阿部美樹志の功績については**3章**に詳述する．

写真1-7　御茶ノ水～両国間高架橋（1932）．写真は総武線浅草橋駅付近で，大きな張出梁を有するRC連続ラーメン構造になっている

1-2 東海道新幹線の高架橋（1964）[2),4)]

東海道新幹線の東京～新大阪間515kmが1959年からわずか5年で完成したこと，構造物設計の基本方針としてSimple, Smart, Standardの3S主義が打ち出されたことは広く知られている．延長116kmに及ぶ高架橋は，標準設計（支間6mの3径間連続ビームスラブ式ラーメン，両端に3mの張出し）を駆使して迅速に建設された．道路交差部などは中央支間を最大17.5mまで広げた異径間ラーメン（6mの側径間をベタスラブと称するカウンタースパンとする）としてクリアした（**写真1-8**）．

地上高が大きく，地盤条件の良好な場合は壁式ラーメン高架橋が造られた．これは壁構造と連続桁を組み合わせた構造で，1ブロック50～100m中の1か所に剛性の大きい箱型橋台を配置し，それ以外を10～15m支間ごとに厚さがわずか30cmの壁で桁を支える構造である（**写真1-9**）．

新幹線は品川の先で品鶴貨物線（現在は旅客・横須賀線）に沿って南西に向かい，やがて品鶴貨物線の直上を1,500mにわたって走行する．この大規模な直上高架は大阪環状線に次ぐもので，品鶴貨物線の上下線を跨ぐSRC門型橋脚の上に，標準スパン22.5mの合成桁を架設する構造である．鋼製橋脚もあるが，63基のSRC橋脚は，まず自立する門型鉄骨ラーメンを組み立て，それに型枠を取り付けて支保工の代用とし，SRC構造に合成した．工事は非常に難しいため，危険な夜間工事を避けて，貨物線のダイヤ改正によって90

写真1-8　東京～新大阪間515kmは5年で建設された．標準高架のRC連続ラーメンにも亜種が出現．写真は武蔵小杉付近の異径間ラーメン（1964）

写真1-9　新幹線用に開発された壁式ラーメン高架橋（東京・西品川付近）．右の2脚が厚さ30cmの壁，その左が箱型橋台である

写真1-10　品鶴線（現在は横須賀線）では活線状態での直上高架橋が1.5km続く．難工事であったことが偲ばれる（東京・西品川付近）

分と60分の2回の作業間合いを昼間に設けて実施したという（**写真1-10**）．

新幹線総局が打ち出した3S主義という優れたコンセプトのもとで，エンジニアの創意工夫によってユニークな空間や構造が次々と誕生したのである．

1-3　1970～1980年代の高架橋

東海道新幹線以降，中央線中野～三鷹間，常磐線綾瀬～金町間などの在来線や山陽・東北・上越新幹線で高架橋が数多く造られた．しかし，これらは東海道新幹線で採用されたビームスラブ式ラーメン高架橋を踏襲し，標準スパンが8mの3～4径間に延びた程度で，構造形式上もデザイン上も顕著な発展はなかった．

大きな挑戦としては，阿佐線のRC50径間連続ラーメン，津軽海峡線のRC12径間連続ラーメン高架橋がある．だが，施工上の観点からは一日のコンクリート打設量を200～300 m^3程度以下とすることが望ましいため，このような多径間構造はこれ以降造られていない．

一方，PC鉄道橋はこの時代に長スパン化と構造の多様化が大いに進展した．加古川橋梁（プレキャストブロック架設工法による連続箱桁橋，最大支間55.6m，1972），岩鼻架道橋（PCトラス橋，橋長46.3m，1975），第二阿武隈橋梁（連続箱桁橋，最大支間105m，1982），小本川橋梁（PC斜張橋，最大支間85m，1984）などが建設されている．

なお，鉄道の発展を支えてきた鋼橋は，高架橋の分野では騒音とコスト面でRC/PCに対し優位性がなく，長スパン化，桁下空頭の制限，重量制限，厳しい架設条件などの場合に有利となるため，単独橋梁での採用が多くなっていた．

1-4　1990年代の高架橋

1980年代の終わりごろから，建設省と運輸省が公共土木施設の景観デザインを向上させる取組みを始めた．それは「美しさ」も道路や鉄道などのインフラが具備すべき要件のひとつであるとし，経済成長期の「速く安く大量に」造るための設計を見直そうという運動であった．当時の日本鉄道建設公団やJR東日本をはじめとする事業者も独自に良好な景観形成に取り組み，やがてそれぞれが景観設計ガイドラインを制定するに至った．

当初は景観デザインに精通した建設コンサルタントはおらず，学識経験者をアドバイザーに迎え，行政や鉄道事業者が景観検討を行うスタイルが多かった．建築設計事務所や建設会社がサポートすることもあった．この頃完成した高架橋には中央線東京駅付近高架橋（1995），山陰線二条～花園間連続立体交差化事業の二条高架橋（1996），近畿日本鉄道京都線東寺～竹田間連続立体交差化事業の十条高架橋（1999）などがある．

中央線東京駅付近高架橋は東京駅から神田方へ既設中央線アーチ高架橋沿いに建設された675m区間をいう．皇居につながる東京の玄関口にふさわしく，丸の内のオフィス街と調和がとれ，道行く人々にとっても配慮の行き届いた構造物を目指したものであった（駅隣接部は7径間連続PRCラーメン箱桁，**写真1-11**）．結果的に，この高架橋は従来のビームスラブ式ラーメンのフォルムを大きく変え，わが国の鉄道高架橋デザインの頂点に立つエポックメイキングな作品となった．その「形を決める論理」については**4章**に詳述する．

山陰線二条～花園間連続立体交差化事業は，平安建都1200年を記念した事業として土地区画整理と高架化がセットで行われたものである．京都の歴史的景観に配慮した高架橋（二条駅，道路交差部を含む）にするため，学識経験者，建設省，京都府，京都市，JR西日本からなる「山陰本線高架デザイン

写真1-11　中央線東京駅付近高架橋（1995）．道路用地を縦断占用して中央線を重層化．都市側の要請を考慮して景観設計を実施

検討委員会」が設けられた．高架橋は3径間連続RCホロースラブ桁（橋長36m）とし，RC造の掛け違い橋脚で水平力を受け，S造の2本の中間柱は鉛直力だけを分担する構造である（**写真1-12**）．桁裏の凹凸や防音壁の水切り瓦の装飾などを含め，最も安価なビームスラブ式ラーメン構造に対する増加費用は，都市景観を確保するための費用として京都市が負担したという[5)]．

高知駅付近連続立体交差化事業に伴い建設された土讃線高知駅付近高架橋（**写真1-13**）は，2008年に供用開始となったが，景観設計の学識経験者，鉄道施設の専門家，住民代表，高知県，高知市，JR四国の関係機関が委員となる「JR土讃線鉄道高架景観検討委員会」が設置されたのは1995年であった．RCスラブ式ラーメン（支間10mと12m）の設計はエムアンドエムデザイン事務所（デザイン）とパシフィックコンサルタンツ（構造設計）が担当した[6)]．

写真1-12　山陰線二条高架橋．平安建都1200年を記念した事業で，京都の歴史的景観に配慮し高架橋を設計（1996）

写真1-13　土讃線高知駅付近高架橋（単線部）．1995年から景観検討委員会が活動し，造形的な工夫がなされた．完成は2008年

写真1-14 中央線三鷹～立川間13.1kmでは基本スパンを15mとし，さらに架道部は3径間PRCラーメン構造（中央径間長は37m）を採用して連続性を保った．写真は武蔵境～東小金井間の高架橋で，行政歩道幅がわずかしかない区間に張出し床版下を遊歩道「ののみち」として公開している．全線開通は2010年

さて，以上の景観デザインを向上させる運動と同時に，それまでの標準支間長10mを15mまで延ばし，景観だけでなく構造性能とコストも改善しようという動きが現れた．それは東北新幹線で実績のある背割り式構造と，新たに開発された地中梁のない一柱一杭式構造，先端プレロード場所打ち杭がセットとなり，中央線三鷹～立川間連続立体交差化事業で実現した（**写真1-14**）．防汚性に優れたFRP製高欄もこの路線で多用された．その後支間長20mの高架橋も開発され，これが現代の高架橋の主流になりつつある．これについては**第2編**で詳述する．

1-5 つくばエクスプレスの高架橋（2005）[7]

常磐新線（後年つくばエクスプレスと命名）は秋葉原～つくば間58.3kmを最速45分（走行速度130km/h）で結ぶ．建設は日本鉄道建設公団（2003年より独立行政法人鉄道建設・運輸施設整備支援機構，以下JRTT）が担い，沿線自治体の出資で成立した第三セクターの首都圏新都市鉄道株式会社が運営している．

この路線は高架橋延長が25.5kmもあり，市街地にも近接することから，コスト縮減と施工性向上，耐震性向上，景観性向上を目的として2種類の新構造形式が開発された．

PCU形桁式高架橋は等断面のU型のPCプレテンション桁（支間20m，4主桁）であり，地盤の軟弱な9.2km区間で使用された．工場で生産し，中間横桁を不要とする構造であるため，従来のプレテン桁よりさらに施工性に優れ，すっきりとした外観を獲得している（**写真1-15**）．

アーチスラブ式高架橋は，従来のビームスラブ式ラーメン構造の持つ煩雑感と施工性を改善するという景観的目標を掲げて開発され，主に地盤が良好な7.6km区間で使用された．変断面のスラブを用いたRC連続ラーメン構造にすることでビームスラブ式ラーメンのような配筋の輻輳が抑えられ，景観的にも桁裏に影が生じないプレーンな曲面の反復によって大変リズミカルで開放的な桁下空間が得られている（**写真1-16**）．基本スパンは15mである．デザイン的な成功要因は，直線を挿入しない滑らかな変断面曲線であること，桁裏にFRP製型枠を使用したこと，排水装置の煩雑感を極力抑えるために多くの区間で排水管をRC柱の中に収めたことなどである．なお，RC柱に埋め込んだ排水樋や排水設備について管理者にヒアリングしたところ，その時点で開業後13年半が経過するが，樋が詰まったことはなく，特別なメンテナンスもしていないとのことであった．

つくばエクスプレスの高架橋の景観設計は，JRTTが主導し，八千代エンジニヤリングなどのコンサルタントに委託して行われた．

1-6　整備新幹線の高架橋

整備新幹線とは，新幹線の計画路線のうち日本政府が1973年11月に整備

写真1-15　つくばエクスプレスの単純PCU形桁式高架橋．4主桁で中間横桁を省いたため施工性が飛躍的に向上した（2005）

写真1-16　つくばエクスプレスのアーチスラブ式ラーメン高架橋．写真は壁式だが2柱式もある．排水管は柱に埋設されている

写真1-17 北陸新幹線長野市赤沼付近高架橋．長野以南の1997年に開業した区間においてもこのハンチのない高架橋が造られた

写真1-18 北陸新幹線今村新田地区高架橋．4〜5径間連続PC箱桁橋（支間32〜37m）で，市街地の住環境との調和を考慮して計画（2015）

計画を決定した5路線を指す．これは原則として返済の必要のない国や自治体の無償資金による公共事業方式で建設され，営業を担当するJRからは受益に応じた線路貸付料を受け取る方式である．建設事業は鉄建公団〜JRTTが担い，東北新幹線盛岡〜八戸間（2002），八戸〜新青森間（2010），九州新幹線新八代〜鹿児島中央間（2004），博多〜新八代間（2011），北陸新幹線高崎〜長野間（1997），長野〜金沢間（2015），北海道新幹線新青森〜新函館北斗間（2016）が完成している．

JRTTでは周辺環境や立地条件に応じて様々な設計施工技術を開発してきたが，ここでは施工の合理化を目的として梁のハンチを省いた北陸新幹線のビームスラブ式ラーメン高架橋と，良好な景観形成が求められた今村新田地区高架橋を紹介する．

写真1-17は北陸新幹線の長野市赤沼付近高架橋である．これは施工の合理化を目的としてビームスラブ式ラーメンの梁のハンチを省いた高架橋で，この形式は軽井沢付近を始め長野以南でも多用されていた．梁高がやや大きくなるものの，等断面の梁によって連続性が非常によく保たれ，景観上の効果が大きい．

北陸新幹線今村新田地区高架橋を中心とする桁式高架橋区間は，市街地の住環境との調和を考慮して支間32〜37mの4〜5径間連続PC箱桁橋が選定された．上部工は斜めウェブ，等断面として直線性を強調し，電柱支持梁は台形状にして存在感を抑制している．橋脚は逆台形でコーナーを曲面で面取りし，角型排水管を壁面スリットに収めてある（**写真1-18**）．

1-7　仙台市高速鉄道東西線の高架橋[8)]

2007年2月，わが国初の鉄道橋設計競技が開催された．対象橋梁は地下鉄東西線の広瀬川周辺低地横断部に位置し，広瀬川を渡河する広瀬川橋梁と河岸段丘を横断する西公園高架橋からなる．2橋は杜の都を代表する景観形成地区を分断しており，事業主体の仙台市はデザイン的に優れた橋梁の計画が必要と考え，設計競技の当選者に詳細設計を委託することにしたのであった．

当選者はドーコンで，その西公園高架橋の構造は，桁下をプロムナードに活用するため，支間わずか5mのRCスラブ式CFT柱ラーメン高架橋（橋長118m）にしている．載荷位置が不変である鉄道橋ならではのユニークな構造デザインと，魅力的な桁下空間を形成することにより，迷惑施設に陥りやすい鉄道施設を「広瀬川の景観を引き立て，公園の中の橋梁として快適性を提供できる環境装置」に変換したことが大きな特長である（**写真1-19，1-20**）．特に両端に設置した開水路は，排水管を省くことのみならず，掛け違い部の一体感・連続感の確保に貢献し，橋梁全体の造形の要になっている．

この設計競技には54社（者）がエントリーし，29社（者）が作品を提出するという盛り上がりをみせた．審査員は建築と土木の学識者，鉄道技術者，ランドスケープアーキテクト，まちづくりプランナーなど6名で構成され，プレゼンテーションと審査状況を公開するなどして，その後の実施コンペのひな型のひとつとなった．

写真1-19　西公園高架橋．両端部に大きな開水路を設けることで，奥に見える構造の異なる渡河橋との一体感，連続感を確保している（2014）

写真1-20　桁下は屋根付きのプロムナードとして，公園に欠かせない環境装置となる

2. 阿部美樹志の鉄道高架橋[9)]

阿部美樹志は日本で初めて鉄筋コンクリート構造による高架橋である東京～万世橋間市街線を設計した人物である〔1915（大正4）年設計，1919年竣工〕．そして，その後も日本各地の民鉄で，今でいう「ビームスラブ式連続ラーメン橋」を主体とした高架橋を設計した．彼は比較的若い時期に鉄道院を辞して独立し，その後は建築界でめざましい活躍をした．梅田の阪急百貨店，西宮球場，東京宝塚劇場は阿部事務所の設計である．そのためか，彼は鉄道，あるいは土木を代表する技術者と見なされていないのだが，実はわが国の鉄筋コンクリート構造による鉄道高架橋の原形を開発した人物であった．

ここでは，現存する彼の設計した高架橋を辿り，鉄道技術者としての功績を明らかにしたい．

2-1 阿部美樹志の経歴[10)]

阿部は1883（明治16）年，岩手県一関町に生まれた．1904（明治37）年に札幌農学校土木工学科を首席で卒業し，鉄道作業局に就職する．彼は恩師・廣井勇博士の影響で「鐵筋混凝土（鉄筋コンクリート）」にのめりこんでいた．

28歳の時，農商務省の海外実業練習生となり，イリノイ大学の試験を受けて正規の大学院生として入学，高名なタルボット教授（Arthur Newell Talbot）の下で研究することになった．彼はそこで学理的研究と多くの実験を行い，1914（大正3）年，見事イリノイ大学よりPh.D.の学位を取得したのである．これは同大学の鉄筋コンクリート部門の最初の学位取得という快挙だった．

留学を終えた彼は鉄道省に復帰した．鉄道省でも鉄筋コンクリートの将来性に期待し，鉄道に復帰するという条件で阿部に奨励金を出していたのである．これから独立するまでの5年5カ月，彼は鉄道技術者として活動する．外濠橋を含む東京駅～万世橋駅間高架鉄道橋のほか，この期間に彼が熱心だったのは『鐵筋混凝土工學理論編』の執筆，京都大学への学位論文の執筆，そして建築物の構造設計だったようである．

『鐵筋混凝土工學理論編』は1916（大正5）年に丸善から初版が発行された．また，建築との関わりについては，彼はもともとイリノイ大学で建築強弱学，高層建築構造学などをマルロルム教授に学んでおり，自身の理論の実践に力を注ぎたいと考えていたところ，恩師・廣井勇博士の仲立ちで建築家・遠藤於菟（おと）から協力を求められて建築物の構造設計を手掛けるようになったものである．二人の共同作品は1915（大正4）年の商科大学研究室（三井ホール）に始まり，6年間に13件を数えた．

1920（大正9）年3月，阿部は東京～万世橋間の高架鉄道橋の完成を待って鉄道院を辞し，民間人となった．三田に阿部事務所を開設し，今までの構造設計者から総合的な建築設計者としての船出を迎えたのである．彼はこの時37歳，すでに十指に余る建築作品とわが国初の鉄筋コンクリート構造による鉄道高架橋を手掛け，名声を得ていた．折しも京都大学から工学博士の学位を受け，ここから建築界での大活躍が始まるのである．

ところで，土木との縁はまだしばらく続いた．1935（昭和10）年頃まで，民営鉄道の高架橋や駅舎の設計を手掛けたからである．特に，1924（大正13）年に着工した阪急淀川～梅田間高架鉄道橋（後述）は日本で2件目，民営では初めての鉄筋コンクリートによる高架鉄道橋であり，発注者の熱意と理解もあってかなり力を入れたようである[11),12)]．この高架橋は，同時期に設計された目蒲電鉄大井高架橋（現在の東急大井町線大井町付近）・目蒲電鉄渋谷高架橋（東急東横線渋谷駅付近は地下化により解体，中目黒駅付近は現存）とともに1926（大正15）年に完成している．

なお，これに先立ち1924（大正13）年には博多鉄道名島川拱石炭桟橋（現在の西鉄宮地岳線の名島川橋梁）が完成している．これは高架橋ではないが，先の東京～万世橋間の鉄筋コンクリート連続アーチ橋で得た知見が活かされたものと思われる（**写真1-22**）．その後設計した鶴見臨港鉄道の6径間連続RCアーチ橋（鶴見川の河口付近を渡河する最大支間100ft（30.48m）の充腹アーチ，昭和2年完成）はすでに架け替えられているため，この名島川橋梁は現存する阿部の貴重なRCアーチ作品（土木学会選奨土木遺産）である．コンクリート表面はテラゾー塗りで仕上げ，スパンドレルには節度のある装飾が施されている．支間は鉄道院時代に手掛けた東京～万世橋間の高架鉄道橋

写真1-21 叙勲の年の阿部

写真1-22 西鉄宮地岳線の名島川橋梁．16径間連続RCアーチ橋，支間12m

の9.75mをしのぐ12mであった．

阿部は1965（昭和40）年81歳で亡くなるまで，精力的に仕事を続けた．特筆すべきは，戦後まもなく戦災復興院総裁になったこと，それに続き都市計画や住宅関係の政府委員を歴任したことなどである．まさしく建築界の重鎮だった．80歳のとき勲二等瑞宝章を受章している．

2-2 阿部が手掛けた私設鉄道の高架橋[10),13)]

(1) 阪急淀川～梅田間高架鉄道橋

この高架橋は東京～万世橋間市街線での成果を踏まえて設計がなされた．彼はこの時期までに携わった建築構造設計（多くは梁と柱からなるラーメン構造）で得た知見と，それが1923（大正12）年の関東大震災で被災しなかった事実に鑑み，ビームスラブ式連続ラーメン構造に自信を深めたものと思われる．改めて眺めると，この構造フォルムは建築物の骨組と実によく似ている．また，彼が高架橋で施したディテールも建築で必要とされる水準のものである．

阪急淀川～梅田間高架鉄道橋の建設に先立つ1924（大正13）年12月，阿部は工事関係者を集めた講演会でこの構造物について次のように説明している[10)]（初出は『鐵筋混凝土の施工に就いて』，阪神急行電鉄株式会社，大正13年）．

① 高架橋に鉄筋コンクリート構造を採用した理由は経済的で耐久力が高く，都市構造物として必要な高度の耐火性・耐震性に優れているからである
② 東京万世橋間の高架鉄道は，手前にある旧新橋東京駅間の高架鉄道の煉瓦アーチと形の調和を保ち，経済性を図る上で鉄筋コンクリートアーチにしたものである．煉瓦アーチに比べ，物価が上がった10年後の大正7年に，当時よりも逆に一割余り安くできた
③ 今回採用した「コムバインド・ビームガーダー・スラブ」式（注；ビームスラブ式と同じ構造を指していると思われる）は東京万世橋間の高架橋よりさらに経済的であると断言できる
④ エクスパンションジョイント1区間ごとの両端部には，耐震壁を丁字型に縦横に使い，地震抵抗を増している
⑤ 基礎は脚部を繋ぎ，個々の運動ができぬように制限してある
⑥ 柱と桁の接合点は急角を避け緩やかな曲線を使い，外観を整美するとともに構造上両者の完全剛着をなしている

この高架橋は現在も供用されているが，後から付加された高架下の施設や改造などによって当時の姿を全景で見ることは困難である．しかし，幸いこの高架橋の設計と工事の概要は当時阪急の取締役技師長だった上田寧（後の阪急社長）によって文献14）に詳細に報告されていた．これは90ページにも

図1-1　茶屋町付近の完成時のイメージ．複々線部でスパンは22ft（6.71m）である．中央部はフラットスラブになっている[9)]

図1-2　複線式のブラケット部と高欄のディテール，丁寧な装飾が施されている[9)]

および丁寧な内容で，9枚の図と8枚の写真が添付されている．そこで，これらをもとにスパン22ft（6.71m）のビームスラブ式高架橋の完成イメージの復元が試みられた．**図1-1**は複々線式高架橋（中央列はフラットスラブ構造になっている）を再現したもの，**図1-2**は複線区間のディテールである．

堂々たる姿である．高架下は店舗または倉庫に利用することが最初から計画されており，茶屋町付近では開通時には店舗が並んでいた．上田寧は文献14）で「このビームガーダースラブ構造は高架下を利用する点に於いても有効である」と述べている．そして，高架橋の両側には幅員9～15ft（2.7～4.5m）の通路が最初から設けられていた．

文献14）には「高架橋の支柱には暗褐色のタイルを施し，パラペット蛇腹（注：高欄下部の側面），持送り（注：ブラケット部）と桁側面には人造石洗い出し，ほかはモルタル塗りで仕上げた」とあるが，その一部は現在も見ることができる（**写真1-23**）．柱と桁の接合部には阿部の説明⑥のように曲線形のハンチが設けられ，張出し梁（持送り）はしっかりとスラブを支えているかのような構造表現がなされている．スラブのエッジの処理（水平にギャップを付けている），高欄のディテールなどにも，彼が単に構造設計だけを行う技術者ではなく，エンジニア・アーキテクトであったことがはっきりと示されている．

(2) 目蒲電鉄大井高架橋

これは現在の東急大井町線（一部現存），渋谷高架橋（東急東横線の地下化によって消滅，中目黒駅前後の高架橋は現存），阪急淀川～梅田間高架鉄道橋

写真1-23　中津駅の高欄の装飾．人造石洗い出し仕上げを施している

写真1-24　大井町高架橋．エキスパンションがわからないほど統一感がある

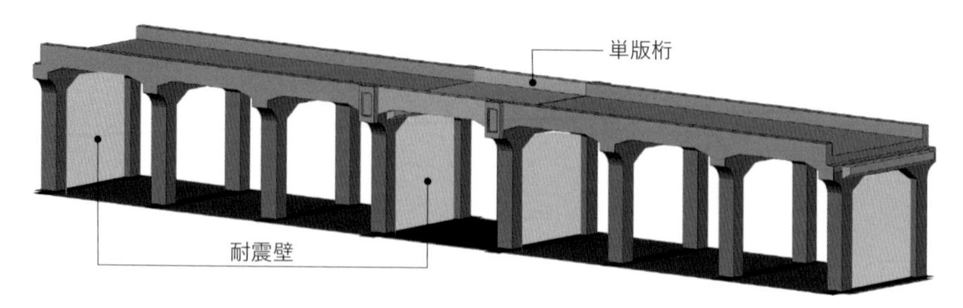

図1-3　大井高架橋の構造モデル

とともに，ほぼ同時期に設計された．設計の順番は不明だが，竣工は1926（大正15）年であって，互いに共通点も多い．

例えば，目蒲電鉄の2件の標準スパンは阪急と同じく22ft（6.71m）であり，エクスパンションジョイント1区間ごとの両端部には耐震壁が設けられ，基礎は脚部がつながれて個々の運動ができないように制限されている．ただし，横梁の張出し部については阪急より小さく（全幅を抑えて電柱部分が突出するスタイルになっている），ハンチが曲線ではなく直線状になっている．構造は梁がスラブの上にある下路式のような形状になっており，これは桁下空間を最大限活用できるように意図したものであろう（**写真1-24**，**図1-3**）．文献14）によれば，前述の阪急淀川～梅田間高架鉄道橋では列車の脱線を考慮して張出し床版の先端に「側梁」を設けていることから，目蒲電鉄大井高架橋は下路式ではなく単にRC連続床版橋として設計し，端部の梁は脱線に対処するための「側梁」かもしれない．後に造られた鶴見臨港鉄道の高架橋も同じ構造である．所々に控えめな装飾が施されモルタル塗り仕上げであるのは阪急と同様だが，全体的に阪急ほど細やかなデザインがなされておらず，シンプルにまとめられた．

(3) 阪急神戸線高架鉄道橋[10)～12)]

これは阿部が手掛けた最後の鉄道高架橋らしい[10)]．竣工は1935（昭和10）年である．この高架橋は5径間連続ビームスラブ式ラーメン構造を主体としているが，それまでの高架橋との大きな相違点は伸縮構造である．つまり，標準スパン6.4m区間では伸縮部のスパンを3.0mとし両側のラーメン構造から1.5mずつ張り出す構造としていること（**写真1-25**），標準スパン5.5m区

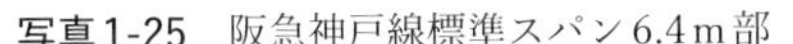

写真1-25　阪急神戸線標準スパン6.4m部

写真1-26　阪急神戸線標準スパン5.5m部

間では伸縮部のスパンも5.5mとし両サイドのラーメンからゲルバーを設けて単版桁を落とし込んだ構造としていること（これはデザイン的な連続性を確保するためと考えられる＝**写真1-26**），大井高架橋などで設置していた伸縮部付近の耐震壁を省いていること，以上の3点が新たな試みである．

また，それまではスパンの大きい道路交差部に鋼桁を用いることが多かったが，ここでは大スパンの鉄筋コンクリートアーチを採用した．全線にわたって統一感，一体感を得たことは，デザイン上特筆すべきことである（**写真1-27**）．さらに，幅を広げて電柱基礎を高欄の内側に収め，床版の張出し部を設けたことによって，高欄を含めたフェイシャルライン（最外縁）が見事に揃って水平性が強調され，連続感を醸し出すことに成功している．

RCビームスラブ式ラーメン，単版桁，RCアーチを巧妙に組み合わせたこ

写真1-27　西灘（現在の王子公園付近）の原田拱橋．3径間連続アーチ構造で中央支間は32.5m

の高架橋は，阿部が1915（大正4）年に東京～万世橋間の高架橋を手掛けてからの総決算だったに違いない．現在に至るまで鉄道高架橋のスタイルがさほど変わっていないことから，このスタイルはわが国の鉄道高架橋の決定版という評価を勝ち得たのだと思われる．

2-3　日本のスタンダードに

このように，阿部美樹志は鉄筋コンクリートの黎明期に活躍したエンジニア・アーキテクトであり，土木界に対して「鉄道高架橋の礎を築く」という大きな功績を残した人物であった．彼の全ての高架橋は，合理性を追及しながらも，単に技術的な安全性や経済性だけにとらわれず意匠にも心を配っていた．公共施設として長期間眺められ，使われ続けることを重く見ていたのである．

鉄道高架橋にはこのような優れた先例がありながら，戦後の物資難の時代や高度成長期の「速く安く大量に」という価値観によって，意匠的な伝統が一旦絶たれてしまった．しかし，阿部の築いたスタンダード（意匠にも配慮したビームスラブ式ラーメン）はまさに現代の土木技術者自身が求め，社会からも要請されている事柄である．

3. 中央線東京駅付近高架橋

前章では日本の鉄道高架橋の原型となった阿部美樹志のビームスラブ式ラーメン構造について詳述したが，この中央線東京駅付近高架橋はそれと好対照をなす型破りな作品である．連続PRCラーメン箱桁（最大支間27.8m）を採用，PRC桁によってスパンを倍以上に飛ばし，都市側に軽快な鋼製柱，鉄道側はRC柱を配した非対称構造で，しかも都市側の列と橋軸直角方向の中層梁がない．桁下はカラトラバが設計したスイスのシュターデルホーフェン駅を彷彿とさせる開放的な歩行空間になっている．しかし，このデザインについては当時から異論があった．ここではその「形を決める論理」と「それを実現するための技術開発」にスポットを当て，デザインのプロデュース方法について考察する．

3-1 プロジェクトの概要[15)]

1998年の長野オリンピックの開催に合わせて北陸新幹線を東京駅に乗り入れることが決まった．そのため，東京駅八重洲側の第5プラットフォーム（9, 10番線）を新幹線に転用する必要が生じ，丸の内側の第1プラットフォーム（中央線が使っていた1, 2番線）の約9m上空にプラットフォームを新設して中央線を移し，京浜東北線，山手線等を順次シフトすることになった．

計画範囲は駅部約299m，アプローチ部約675m，地上最大高さは14.4mに及び，それまでのアーチ高架橋に覆い被さるように建設する（当然ながら在来線を運行させながら）という大工事であった．鉄道に並行する都道と区道を縦断占用する必要があるため，鉄道事業法61条による建設大臣の認可を得て実施が決まったが，道路管理者からは①道路専有面積を極小にすること，②高架橋の柱本数を最少にし歩道内に収めること，③その柱寸法は1.0m程度以下にすること，④交差点では道路側に柱を設置しないこと，⑤構造物の都市景観について検討し色彩にも配慮すること，という条件が付いた．以上のことから，このプロジェクトは景観設計のいかんに関わらず，当初から極めて難度の高い設計・施工となる宿命にあったといえる（**写真1-28，図1-4, 1-5**）．

写真1-28　呉服橋交差点から東京駅方向を望む．中央線東京駅付近高架橋，駅舎と区道との関係に注目

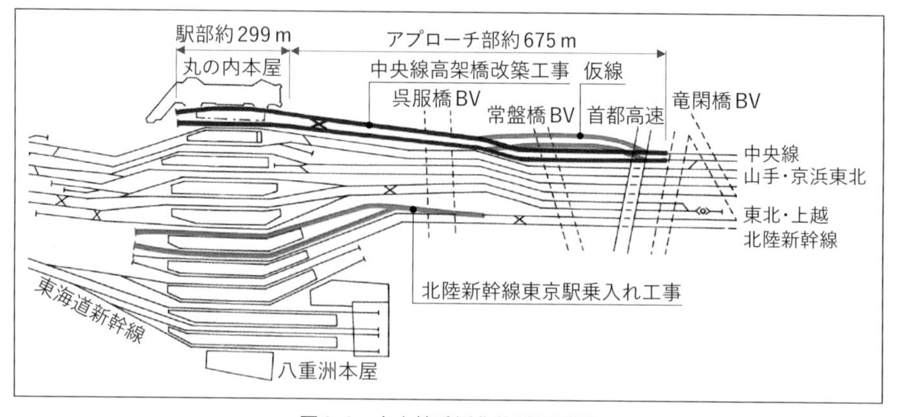

図1-4　中央線重層化位置平面図

3-2　デザインとエンジニアリングの融合[16), 17)]

本件はJR東日本の自己資金による事業である．関係機関から景観に配慮するよう要請されていたJR東日本は**表1-1**に示す「景観設計検討委員会」と設計体制を組み，高架橋のデザインと構造の検討を行った．

(1) デ ザ イ ン

景観設計の基本コンセプトは①土木構造物の持つダイナミック性を活かしながら人に優しい高架下空間の実現，歩道面の開放的利用の活性化を目指すこと，②東京駅丸の内本屋（赤煉瓦）との連続性や，近代的な業務用ビルの集積地である周辺環境との調和を図ることとした.

これを受けて，高架橋の形を決める論理をどう展開したのか．当時MIA建築設計事務所で所長の守屋弓男とともにデザインを担当した津國博英は次のように解説してくれた[18].

「鉄道は都市の景観を構成する動脈部分である．そのエッジ（縁，境界）には特殊な都市空間が生まれる．都市のエッジをどのように表現するかがこのプロジェクトの要であった．高架橋にすれば鉄道の下に必然的に空間が生まれるが，その空間の質がその界隈とのつながりを大きく左右するのだ」.

エッジとはケヴィン・リンチが名著『都市のイメージ』で提唱した都市の形態要素のひとつであり，ここでは鉄道の境界に出現する高架橋下の空間をどう都市側と結びつけるかをテーマにしているのである．そして次のように続けた.

「とにかく，既成の高架下のイメージを払拭させたかっ

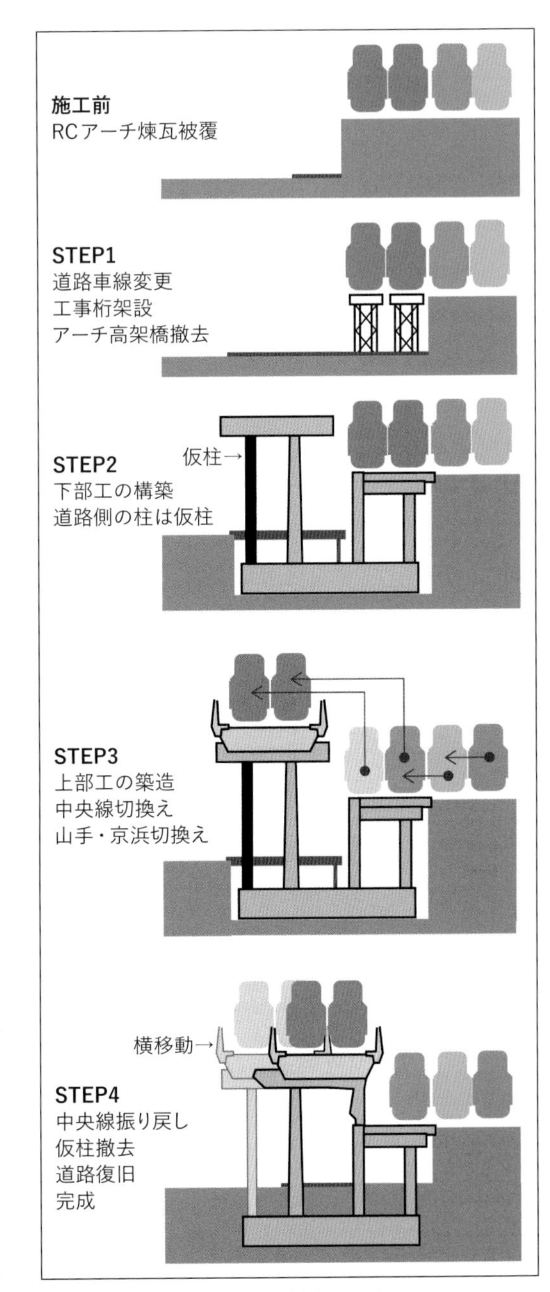

図1-5 高架橋施工順序図

表1-1　設 計 体 制

景観設計検討委員会	事業主体	設計受託
篠原　修（東京大学教授・委員長） 三木千壽（東京工業大学教授） 山本卓郎（JR東日本東京工事事務所長） 石橋忠良（同所工事管理室長）	JR東日本東京工事事務所（東京工事区・ターミナル第一・工事管理室）	MIA建築設計事務所（景観デザイン担当） ジェイアール東日本コンサルタンツ（構造設計担当）

た．そのために委員長が提案し，我々がデザインしたのが，大スパン化と中層梁の撤去，左右非対称の柱による空間形成であった．これによって高架橋は都市側に大きく解放された嵩空間を獲得した」．

「都市側の柱をエンタシスにしたのは，歩行者に回廊をイメージさせて違和感なく通行していただくためで，東京駅の柱をモチーフにした．中層の縦梁は防音壁も兼ねていてサイズが大きいのだが，ここのテクスチャーと都市側の柱のメタリックな色彩によって都市のエッジを強調させた．巨大な鉄道構造物だが，桁下空間に界隈の空気が入り，都市と一体化させることができたと考えている」．

「主桁（上層縦梁）の造形は，以上の考え方の延長線上にある解のひとつである．基本は下面が緩やかな曲線を描くアーチ形であり，桁の下面にはあたかも太いパイプが線路方向に貫かれているかのように半割パイプ状の凸部が現れている．要するに，リズム感を重視しながら積極的に桁裏を見せるデザインとしたのである」．

説明を受けて理解したのだが，下床版よりわざわざ下に腹を飛び出させているように見える凸部は，貫かれているパイプが変断面の桁高の差分だけ現れたものを表現しているのであった（**図1-6**，**写真1-29**）．

なお，国道1号を跨ぐ呉服橋架道橋は単純鋼床版箱桁橋（支間57.8 m），常盤橋架道橋は前後のPRC桁と連結された変断面鋼床版箱桁橋（支間39.0 m）である．共に桁高を前後と合わせ，後者では前後の桁とリズムを合わせるために変断面としている．

実は，呉服橋架道橋は当初鋼下路式アーチで計画したという．高架橋は微妙に屈曲しており，その欠点を断ち切る目的でアーチ橋を提案したのだが，交差道路のドライバーの注意力を散漫にさせるおそれがあるという，いささか信じがたい理由で東京都から反対され，実現しなかった．しかし呉服橋は長いデザインの結節点の一つと考え，前後のRCラーメン橋台とともに「門」の構えを構築している．

(2) エンジニアリング

以上の提案を受けて，事業者サイドではこれらを実現するため，種々の検討を行った．駅に近いラーメン構造体のスパンは27.8mで，これはPRC桁にすることで対応できる．技術的に大きな問題となったのは3点，①中間梁を撤去したこと，②左右非対称イメージを重視していること，そして③曲面の多用であった[15),19),20)]．

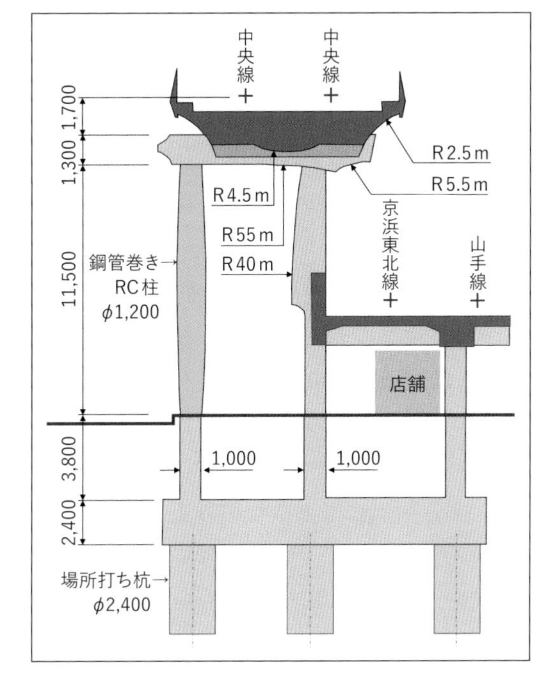

図1-6　高架橋横断面図

写真1-29　当時の検討模型（津國博英氏提供）

柱が歩道に立つ関係で，元々道路側の柱幅が1.0mに制限されており，上記①②によって道路側の柱の耐力が不足するうえに，地震時に左右の柱の分担水平力のバランスが崩れて柱頭における変位量が相違してしまう．そこで，平面的なねじり剛性の高い多径間ラーメン構造にして変位差を抑制するとともに，道路側の柱は軸方向鉄筋比9%の高密度配筋とした鋼管巻きRC柱とした．そして，鋼管巻きRC柱の大型の供試体を用いて水平交番載荷試験を用いて変形性能を確認するとともに，新たな設計法を開発した．また，上層横梁との接合部についても同様の試験を行い，配筋形態を見いだした．さらに，ラーメン構造の格点部のコンクリートの充填性と施工性を確認するため，この部分の実物大モデルを用意して高流動コンクリートによる打設実験を行った．これらの様々な構造実験の多くは，JR東日本の社員が直轄で実施したものである．

上記③「曲面の多用」は，構造設計や施工計画に非常に大きな悩みを与え続けた．個々の曲面を形成するパラメータは数値化されていても，今回のデザインは複数の曲面が干渉する造形となっている．しかも，場所打ちで造るスパン（一部にのみプレキャスト部材を組み込む）と，線路上空にかかるためすべてプレキャストセグメント化（橋軸方向に3分割，橋軸直角方向に4分割の12分割）して上空で組み上げるスパンとがあるため，設計も施工も複雑を極めたのである．場所打ちで造るスパンは，1スパン丸ごとの大型鋼製型枠が製作された．転用回数が少ないので非常に高くつくのだが，複雑な造形を簡単に実現させるための手段であった（**写真1-30**）．12分割されるプレキャストセグメントも鋼製型枠が必要であり，さらに製作精度，架設精度の管理が非常に難しいものであった．わが国有数のPC専業社のほとんどが「不可能」と宣言して戦列を離れたが，ただ一社だけが粘り強く工夫を重ねて実現にこぎつけてくれたという．

デザインが具体化した頃，構造技術の責任者であった石橋忠良は，これを鉄道上空で建設するのではきれいに仕上げられないと考えた．それで，呉服

写真1-30　1スパン丸ごとの大型鋼製型枠

写真1-31　回廊をイメージした歩道．橋軸方向・直角方向の中層梁を省略した効果を実感する

橋より神田方400mの区間については道路（千代田区道108号）側に大きく入り込んだ仮線として建設し，16カ月間使用した後にJR用地側に線路を振り戻す（最大6.6m）計画とした．つまり，その400m区間を1年以上にわたって単純桁として供用した後，一日で一斉に横移動させた後にラーメン構造化するという手順に変更したのである（**前掲図1-5**）．

3工区に分けた施工は大林組，鉄建建設，清水建設が担当した．プレキャストセグメントの製作と架設は協力を続けてくれた日本鋼弦コンクリート（当時）のほかオリエンタルコンクリートが担った．工事は受発注者合同の「施工技術検討委員会」を開催しながらデザインの意図を正確に伝達し，それを実現するための課題（仕上げや鋼製型枠の扱いなど）を議論しながら実施したという．

中央線の切換え工事による高架橋の供用開始は1995年7月2日，振り戻し工事は1996年11月17日に実施した．

3-3 デザインのプロデュースについて

こうして，これだけ技術的な難題があっても，事業者はすべてを成し遂げた．つまり，新たな設計法を見いだすための技術開発や確認実験を考え得る限り実施し，設計ルールを変えながらデザイン的な要請に応えたのである．これは「一旦デザインを任せたからには，その案に対し技術で解決できることにはすべて対応する．どうしても現在の技術で不可能なこと，リスクの大きいことが明白になった場合にのみ，デザインの変更要請を行う」という組織のコンセンサスが築かれていたからであった．優れたデザインを生み出すためのJR東日本の取組みは成功したといえる．

ただし「主桁を変断面にし，なおかつ下面に凸部を設ける」ことに対しては，当時は異見があった．エンジニアからは「それがプレキャストセグメント化に際して大きな障害になっている」という指摘，デザイナーからは「装飾過剰ではないか」「むしろ連続性が損なわれている」という見解である．総括すると，下面をフラットにして水平性を強調したほうが意匠・構造・施工上とも好ましいという考え方であり，これを支持する人は今なお少なくない．

どの水準までデザインを引き上げるべきか．この点について，最近石橋に「主桁を等断面にしようという提案をデザイナーに行わなかったか」と尋ねてみた．すると「それは一切考えなかった．デザインは作品だから，依頼した以上はデザイナーの意向を尊重するべきだと思っていた」とのことである[19)]．

以上見てきたように，この高架橋は関係者の献身的な努力によって成し遂げられた「奇跡の作品」である．しかし，このプロデュース方法はこれで本当に良かったのだろうか．

当時，景観設計を行うには学識者を交えて委員会方式で行うのが最良と考えられ，本件のように実力のある建築家が協力することも多かった．デザインのプロデュースが成功したかどうかは，完成した作品を見れば明らかなので，優れた成果をまとめた学識者やデザイナーには協力要請が集まり，多くの公共土木施設が委員会方式で設計された．

現在はどうかというと，学識者をアドバイザーにすることは依然として多いが，土木と異なる職能の専門家にデザインを依頼することは，昔ほど多くはなくなった．その理由は，事業者，コンサルタントともある程度景観計画やデザインを行えるようになったからであろう．公共の財である以上，金に糸目を付けないというわけにはいかないし，施工難度と生産性との折り合いも付けねばならない．そのため，デザインに精通した事業者が，エンジニアリングに精通したデザイナーに委託するほうがバランスの良い設計ができるという考え方も多くなってきたからだと思われる．

デザインのプロデュースのあり方については，これからも試行錯誤が続くだろう．しかし，27年前に完成したこの高架橋を超えるものはまだないという事実については，重く受け止めなければならないと思う．

中央線東京駅付近高架橋は平成8年度（1996）土木学会技術賞，平成14年（2002）土木学会デザイン賞最優秀賞を受賞した．

4. 鉄道高架橋発展の糸口

前章までに，わが国の鉄道高架橋の技術的変遷を辿るとともに，わが国独自の鉄道高架橋のフォルムと活用形態の原型を開発した阿部美樹志の作品と，そのRCビームスラブ式ラーメン構造を打破しようと意欲的に取り組んだ中央線東京駅付近高架橋について詳述した．これらは，次の10項目にまとめられる[21)]．

① RCビームスラブ式ラーメンは鉄道の荷重やたわみ制限に対する強度と耐震性に優れ，騒音や振動にも有利であり，しかも経済的である．

② アメリカで鉄筋コンクリート構造の最先端技術を学んだ阿部美樹志は，上記の特長をよく理解したうえで，自らの意匠設計能力を発揮してRCビームスラブ式ラーメン構造を磨き上げ，上路式（阪急，大阪電気軌道タイプ）と下路式（東横電鉄，目蒲電鉄タイプ）の標準構造を開発した．

③ 私設鉄道の経営者はこの構造が「高架下を利用するうえでも有効」と歓迎し，店舗等への活用（賃貸収入）が促進された．これによりわが国では【RCビームスラブ式ラーメン＋桁下空間利用】というビジネスモデルが確立した．

④ これとは別に，阿部美樹志はRCアーチ橋である外濠橋の設計経験から，100 ft（30.48 m）クラスの大スパンのRCアーチを渡河部・架道部で実現し，もうひとつの異なる高架橋スタイルを確立した．

⑤ 東海道新幹線の頃から，RCビームスラブ式ラーメンの大スパン化や異なる構造形式が開発され始めた．中でも1990年代以降には，景観形成に対する社会のニーズや高強度材料の開発を背景に「大スパン化」に拍車がかかり，PCや合成構造による「桁式高架」が発展した．

⑥ 1990年代から，行政が良好な景観形成について取組みを開始し，委員会方式（アドバイザー方式）による景観検討が増え，土木以外の職能の専門家も公共土木施設の景観デザインに関わるようになってきた．鉄道においてもその方式により検討する事例が増えた．

⑦ そのひとつである中央線東京駅付近高架橋について，今後のために「どの水準までデザインを行うべきだったか（あるいはどの水準まで技術でカ

表1-2　代表的な鉄道高架構造の変遷

高架橋の名称	完成年	構造種別	支間割
新永間市街線	1910	煉瓦造連続アーチ構造	@8.0 m, 12.0 m
東京～万世橋間市街線《日本初RC高架》	1919	RC連続アーチ構造（西側のみ煉瓦被覆）	@9.75 m
		RC単純桁式高架橋（壁式橋脚）	@5.5 m
阪急淀川～梅田間市街線	1926	ビームスラブ式，フラットスラブ式ラーメン	@6.096～6.325 m
東京～上野間市街線	1925	RC連続桁式高架橋（ラーメン橋脚）	@4.6 m
目蒲電鉄大井高架	1926	RCビームスラブ式ラーメン（耐震壁付き）	3@6.704 m
神戸市街線	1931	RCビームスラブ式ラーメン	3@5.5 m
阪急神戸線	1935	RCビームスラブ式ラーメン（耐震壁付き）神戸市街線並行区間は支間5.5 mに統一	1.5＋4@6.4＋1.5
東海道新幹線	1964	RCビームスラブ式ラーメン（張出し式）	3.0＋3@6.0＋3.0
		RC壁式ラーメン高架橋	3@10.0 mほか
		単純合成桁式高架橋＋SRC橋脚ほか	@22.5 m
山陽新幹線	1972	RCビームスラブ式ラーメン（張出し式）ゲルバー式およびフーチング連結式も採用	3.0＋3@8.0＋3.0
東北・上越新幹線	1982	RCビームスラブ＋ゲルバー桁式および背割り式	8.9＋2@8.6＋8.9
中央線東京駅付近高架	1995	7径間連続PRCラーメン箱桁　ほか	最大支間27.8 m
山陰線二条高架	1996	3径間連続RCホロースラブ桁	3@12.0 m
土讃線高知駅付近高架	2008	RCスラブ式ラーメン	@10.0, 12.0 m
北陸新幹線	1997	RCビームスラブ＋ゲルバー桁式，縦桁ハンチ省略，柱の剛性低下を考慮し多径間化を実現	15@10.0 m
つくばエクスプレス	2005	RCアーチスラブ式ラーメン	@15.0 m
		単純PCU形桁式	@18.0, 20.0 m
中央線三鷹～立川間	2010	RCビームスラブ式ラーメン，背割り式，地中梁なし一柱一杭式構造，先端プレロード場所打ち杭	4@15.0 m
東北本線平泉～前沢間	2008	同上	4@20.0 m
常磐線浜新地～浜吉田間	2016	同上	5@20.0 m

バーするべきだったか)」という問題提起を行った．デザインの妥当性の検討に踏み込むためには，当時の関係機関の意思や技術的な制約，技術的な難度などを理解しなければならないが，今なお異見があること，その後はエンジニアリングに精通したデザイナーに委託するほうがバランスの良い設計ができるという考え方が多くなったことなどを指摘した．

⑧ 中央線三鷹～立川間連続立体交差化事業では，背割り式構造や地中梁のない構造を活用して支間を15mまで増大させ，景観デザイン，構造性能，コストの改善が図られた．その後支間長20mの高架橋も開発され，これが現代の高架橋の主流になりつつある．
⑨ つくばエクスプレスや整備新幹線の先進的な取組みのいくつかをまとめた．生産性向上のために考案されたハンチの省略やプレキャスト部材の活用が，デザインの向上にも寄与していることを指摘した．
⑩ 設計競技（コンペ）方式でのデザイン選定事例を示した．設計競技は設計者を選ぶプロポーザル方式とは異なり，設計案そのものをダイレクトに選べる優れた方法である．今後増えていくことを期待したい．

さて，こうして鉄道150年の高架橋の歴史を通観すると，わが国の鉄道高架橋のフォルムと桁下の利用形態は，鉄筋コンクリート構造を採用した東京～万世橋間市街線と東京～上野間市街線を皮切りに，阪急，東横電鉄，目蒲電鉄などの私鉄の高架橋が次々と完成を迎えていたごく短い期間に固まったことがわかる．それ以降は東海道新幹線で改良されたものの，基本構造は1990年代まで変わっていない．しかし，その後はビームスラブ式ラーメン構造を抜け出そうという方向（中央線東京駅付近高架橋ほか）と，その構造を踏襲しながら支間を飛躍的に増大させる方向（**第2編**で詳述する中央線三鷹～立川間連続立体交差化事業ほか）に分かれ，それぞれの開発成果が得られたのであった．双方に様々な技術テーマがあったが，いずれにも「景観デザイン」が重要なキーワードになった．初めて「デザイン」が鉄道高架橋の発展の糸口に，ひいては鉄道の文化形成に貢献する武器になったのである．

技術的な制約の大きい鉄道の世界では，何でも自前で行う文化がある．つまり，意匠も構造も施工計画もワンセットにして，伝統的にエンジニアが主導して形態操作を行ってきた．設計委託業務では，絶えず設計責任が付きまとう．簡単にいうと，設計責任を負う人を設計者と呼ぶのであるから，究極の選択を必要とするときは，設計者がその任を全うしなければならない．デザインが重要なキーワードになってきたいま，鉄道界では「デザインできるマスターエンジニア」が必要になってきたのだと思う．

〔参 考 文 献〕

1) 高橋浩二：鉄道高架橋の具備すべき基本的条件と構造形式の変遷に関する研究，鉄道技術研究報告，No.1082，施設編第483号（1978）
2) 大庭光商：鉄道高架橋の特徴と現状，橋梁と基礎（2009.8）
3) 小野田滋：東京鉄道遺産「鉄道技術の歴史をめぐる」，ブルーバックスB-1817（2013）
4) 久保村圭助：鉄道建設・土木秘話，日刊工業新聞社（2005）
5) 松田好史，築嶋大輔：都市圏における在来線整備と橋梁，橋梁と基礎（2014.8）
6) 四国旅客鉄道土讃線 高知駅付近連続立体交差事業 事業誌，高知県ほか（2010）
7) 都市高速鉄道研究会編：つくばエクスプレス建設物語，成山堂書店（2007）
8) 森研一郎ほか：仙台地下鉄東西線広瀬川地区橋梁の設計と施工，橋梁と基礎（2013.4）
9) 畑山義人：RC鉄道高架橋の黎明期に功績のあった技術者；阿部美樹志，鉄道高架橋の景観デザイン，景観デザイン研究会（1999）
10) 江藤静児：鐵筋混凝土にかけた生涯～阿部美樹志と阿部事務所，日刊建設通信社（1993）
11) 小野田滋：鉄筋コンクリートの先覚・阿部美樹志，RRR，Vol.54，No.6（1997）
12) 小野田滋：阿部美樹志と阪急の構造物，鉄道ピクトリアル，Vol.48，No.12（1998）
13) 小野田滋：阿部美樹志とわが国における黎明期の鉄道高架橋，土木史研究，第21号（2001）
14) 上田寧：阪神急行電気鉄道高架線建設紀要，土木学会誌，Vol.13，No.3（1927）
15) 石橋忠良，古谷時春，細川泰明，山内俊幸：景観に配慮した中央線重層化工事の設計・施工，コンクリート工学，Vol.32，No.12（1994）
16) 柳沢則夫，八巻一幸：中央線重層化構造物小特集のうち「景観設計」，SED No.2（1994）
17) 石橋忠良：鉄道高架橋のデザイン，セメント・コンクリート，No.570（1994）
18) 津國博英氏へのヒアリング（2019.8.26）
19) 石橋忠良氏へのヒアリング（2019.8.27）
20) 環境デザイン95「東京駅高架橋」，日経コンストラクション（1995.7.14）
21) 畑山義人ほか：鉄道高架橋の技術的変遷を辿る，景観・デザイン研究発表会講演集，土木学会（2020）

第2編
現代の鉄道高架橋

1. 鉄道高架橋に要求される性能

第1編では，わが国の鉄道高架橋の技術的変遷を辿り，ニッポン独自の鉄道高架橋のフォルムと活用形態がどのように誕生し，発達してきたかをみてきた．ビームスラブ式ラーメン高架橋は1930年代から多用され，図2-1に見るように少しずつ進化したものの，基本構造は1990年代まで変わらなかった．その後，特別な事情で計画された高架橋（都市部での道路縦断占用や都市公園内の縦断占用など）を別にすると，景観的連続性に配慮した背割り式構造や地中梁のない1柱1杭式構造，支間を飛躍的に増大させたビームスラブ式ラーメン高架橋が開発され，在来線の高架橋は新たな時代を迎えた．

また，荷重や設計基準の異なる整備新幹線でも様々な技術開発がなされ，ビームスラブ式ラーメン高架橋とフラットスラブ式ラーメン高架橋のほか，プレキャストのPCU形桁を用いた桁式高架橋などが現在の主流となっている．

本編では鉄道高架橋に要求される性能を解説した後，現代技術の到達点としての在来線高架橋と新幹線高架橋について詳述し，最後に現在の高架橋に内在する課題について述べる．

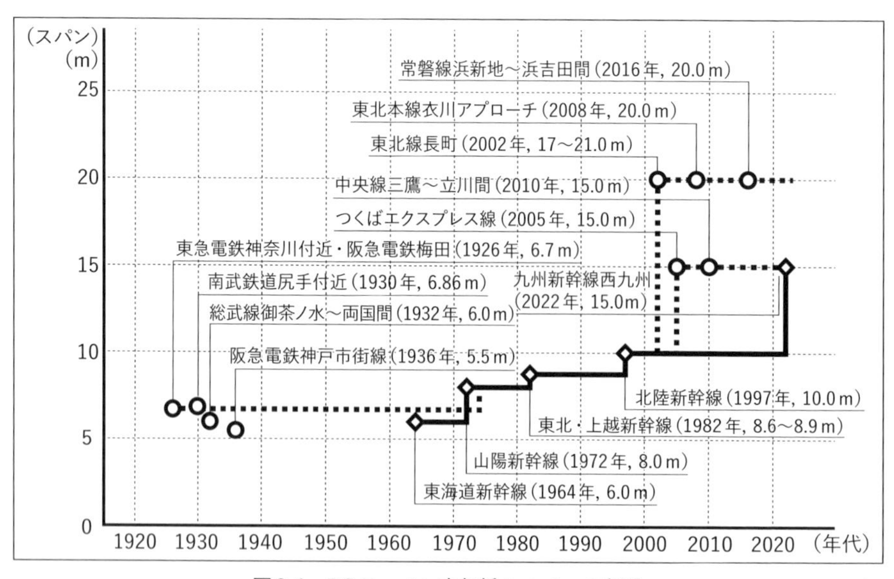

図2-1　RCラーメン高架橋のスパンの変遷

1-1 なぜ多径間連続RCラーメン高架橋なのか

鉄道橋は活荷重（列車の連行荷重）が大きく，走行安全性や乗り心地といった変位の制限値も厳しい．道路橋はL荷重（分布荷重）も定義されているので単純には比較できないが，軸重とたわみ制限値の相違は**表2-1**のとおりである（詳しくは**第3章**を参照されたい）．そのため，鉄道橋では経済性に優位で構造的に変位を抑えられるRCラーメン高架橋（ビームスラブ式，アーチスラブ式，フラットスラブ式）が長年にわたり採用されてきた．しかも高次の不静定構造物であるため，地震力に対して構造全体で抵抗し，耐震性にも優れているのである．

また，鉄道は平面線形および縦断線形の制約が多く，高架橋の延長が増大する傾向にある．特にビームスラブ式RCラーメン高架橋はコンクリート体積が少なく，元々経済的で価格競争力があるが，さらに接続形式によっては支承が省略できるので，その初期コストと維持管理コストの効果は橋長に比例して大きくなる．

さらに，都市部では鉄道路線脇まで開発が進んでおり，限られた施工ヤードでの構築が求められることが多い．その場合，大型クレーンを使用した桁の一括架設は困難だが，RCラーメン高架橋ならば大型重機を使用せずに施工でき，しかも高架下利用のニーズにも応えられる大きなスペースを提供できるのである．

以上のように，多径間連続RCラーメン高架橋は，変位の抑制（走行安全性と乗り心地），耐震性，経済性，狭隘な立地での施工性，高架下活用の適用性において桁式高架橋と比較して有利である．

しかし，この構造は，唯一《景観デザイン》に問題をはらんでいる．どう

表2-1　活荷重の相違

	活荷重の種類	軸重群の比較	たわみ制限値の例
高速道路	B活荷重T-25	後輪200kN，前輪50kN	鋼橋$L_b/600$
鉄道在来線	新型機関車荷重E-17	機関車170kN×6軸重×重連	$L_b/900$※
鉄道新幹線	標準列車荷重H-22	電車220kN×4軸重が多数連行	$L_b/2{,}200$※

※乗り心地から定まる桁のたわみ（複数連の場合）

見てもゴツイのだ．どれだけエンジニアリング的に有利でも，生活環境や都市環境に与えるマイナス面が存在する以上，それを取り除いて可能な限り美的にまとめなければならない（特に景観配慮が必要な区間では）．

どのように形態を操作すればよいか．それを考えるために，まずは要求される性能を確保するための現代の解決策を明らかにしよう．

1-2　列車走行上の要件と構造の関係

列車を安全，快適かつ高速で走行させるために，構造物に求められる性能がある（列車走行に伴い発生する「騒音」も解決すべき重要な課題だが，ここでは割愛する）．

(1) 変形の制御

列車走行に伴う安全については「走行安全性」という指標があり，快適については「乗り心地」という指標がある．どちらも桁のたわみや変形の大きさを制御する指標である．桁がたわむと，脱線の可能性が生じたり，列車動揺が発生するため，構造種別ごとの性能項目および照査指標と限界値が規定されている（**表2-2**）．その制限値は高速走行するほど厳しい制限値となっている．

表2-2　構造種別ごとの性能項目および照査指標[1)]

構造種別	性能項目	照査指標	応答値の算定	限界値の設定および照査
単純桁，連続桁等	常時の走行安全性	主桁のたわみ	桁のたわみ	桁のたわみの照査
		横桁のたわみ	軌道面の不同変位	軌道面の不同変位の照査
		支承鉛直変位		
		桁端の角折れ		
	乗り心地	主桁のたわみ	桁のたわみ	桁のたわみの照査
		横桁のたわみ	軌道面の不同変位	軌道面の不同変位の照査
		支承鉛直変位		
		桁端の角折れ		
橋脚，橋台，ラーメン高架橋等	地震時の走行安全性に係る変位	振動変位（SI）	地震時の横方向の振動変位	地震時の横方向の振動変位の照査
		桁端の角折れ	地震時の軌道面の不同変位	地震時の軌道面の不同変位の照査
		桁端の目違い		

変形は活荷重によるものだけではない．鋼桁の上フランジと下フランジの温度差によって桁がそり上がり，新幹線に動揺が生じたこともある．道路橋ではあまり問題にならないことだが，温度変化による変形は高速鉄道では非常にシビアな問題なのである．

(2) 共振の回避

高速鉄道には「共振」というやっかいな問題がある．わが国の新幹線は1両当たり25mに統一されており，同じ位置に車輪が設置されている車両を連結して走行している．そのため，走行時に車輪が通過する間隔は規則正しく，桁にも規則正しく載荷が繰り返される．その載荷の間隔と桁の固有周期が合致した場合には共振現象が発生し大きなたわみが発生するのである．

共振現象が生じると，桁は静的たわみの数倍のたわみとなり，車両の動揺も大きくなる．そして桁にも大きな応力が生じ，想定外のひび割れが生じることもある．したがって，列車走行時の衝撃振動を小さくして共振現象を避けるべく，桁と車両の走行のシミュレーションを行い，設計最高速度に至るまでのどんな速度でも共振しないように桁剛性を高めて計画しておく必要がある（**図2-2**）．

衝撃係数は，連行移動荷重の速度効果の影響で走行速度が高速な場合や，桁の剛性が低い場合において共振現象等により特に大きくなることがあることが想定されている．設計で用いる衝撃係数は，速度効果により求められるi_αと車両動揺より求められるi_cを用いて以下の式で求められる．

$$i = (1 + i_\alpha) \times (1 + i_c) - 1$$ [2)]

ここに，車両動揺による衝撃係数i_cは，速度に関わらず部材スパンで決定される．速度効果によるi_αは，車両の走行速度と部材の固有振動数，部材ス

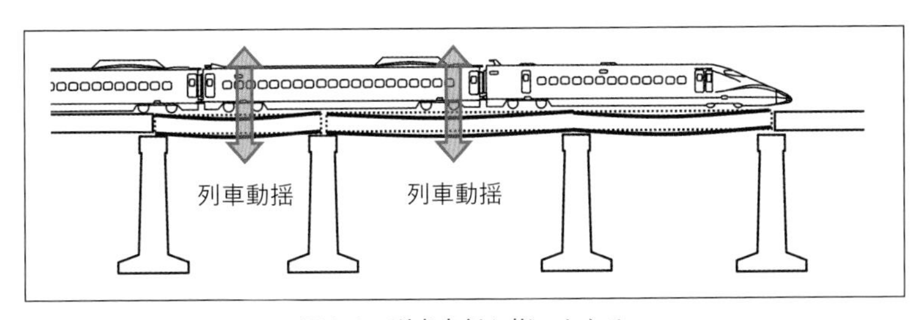

図2-2 列車走行と桁のたわみ

パンを係数とした速度パラメータαを用いて動的シミュレーション結果を基に読み取ることになる．

速度を上げれば衝撃は大きくなり，固有振動数と部材のスパンを大きくすると衝撃が小さくなる傾向があるが，その他の要因として車両長L_vと部材のスパンL_bの比L_b/L_vがあり，車両長25mの整数倍に近い桁長の場合に衝撃係数が大きくなる傾向になる．

(3) ビームスラブ式ラーメン高架橋の優位性

長スパンの鉄道橋にとって，変形，共振，衝撃のコントロールはなかなか面倒だ．開業後PC桁のそりが大きく，軌道をやり直した事例や，PC桁の施工が終わった時点で軌道工事が予定より遅れて，版上荷重等がない状態が続いたためクリープ変形が進んでしまい，当初予定の軌道レベルを修正せざるを得なくなった例がある．また，長スパンのラーメン構造では，桁のクリープ・乾燥収縮などで桁が収縮すると橋脚が傾斜する．その傾斜で桁が曲げられて，その桁の変形が高速走行に支障を与えることになる．長スパンのラーメン構造では桁剛性が橋脚剛性に対してそれほど大きくないので，橋脚の変形で桁に変形が生じてしまうのである．

一方，ビームスラブ式RCラーメン高架橋は，スパンが8～20m程度と短く，柱の剛性よりも梁剛性の方が圧倒的に大きく，柱の変形が梁を変形させないため，部材の収縮が梁のたわみに影響しない[3)]．繰返しになるが，これは変形，共振，衝撃のいずれに対してもコントロールしやすい構造である．

1-3　RCラーメン高架橋の接続方式

RCラーメン高架橋の接続方式には，図2-3のような3種類の形式がある．

張出し式は隣接するラーメン高架橋から，各々同寸法の片持ち梁の張出し部を突き合わせた形式である．接合部をせん断キーで連結することによって相対変位をなくすことができる．張出し長が3m程度まではRC構造で，それ以上の張出し長となるとクリープによるたわみ防止のためPC鋼材を配置し緊張作業を行う必要がある．PC鋼材を配置しても張出し長の限界は5m程度であるため，張出し部と一般部の径間長と統一することは困難となる．

ゲルバー式は，ラーメン高架橋間に調整桁として，小スパンのRC単純桁やRCスラブ桁を用いる形式である．この調整桁を用いることによって，地盤の不等沈下や地震時の変形に対して軌道変位を緩和することができる．しかし調整桁の支承部や接合目地部等の保守点検および大地震時の落橋防止対策等が必要になる．また，隣接するラーメン高架橋が完成した後でなければ調整桁の施工に着手できないため，施工計画上のデメリットがある．

背割り式は，隣接するラーメン高架橋の各々の端柱を同じ基礎で支持する構造である．構造上ラーメン間の相対変位は少なく，加えて接合部をせん断キーで連結することによって相対変位をなくすことができる．背割り部の端柱は2本背合わせとなり，若干太くなるが，高架橋の径間長を合わせることは比較的容易となる．接合方法は，高架下利用や施工性・施工工期などを考慮して構造形式含め検討することになるが，近年では維持管理および耐震性の面から支承構造をなくすとともに，景観上の連続性を保つという観点からも背割り式が現代の鉄道高架橋の主流となってきている．

高架橋1ブロックの径間数は多いほうがよいというわけではない．線路方向の収縮（乾燥収縮，温度変化）による限界や1日のコンクリートの打設能力などのほか，曲線区間や橋軸直角方向の柱本数の増減，架道橋間での調整などの制約条件もあり，これらを考慮して径間数を計画することになる．1990年代以前の高架橋は，クリープと乾燥収縮の影響が未解明であったこともあり，これらの条件と合わせてスパンが10m以下だけでなく3径間までのラーメン高架橋が多い．

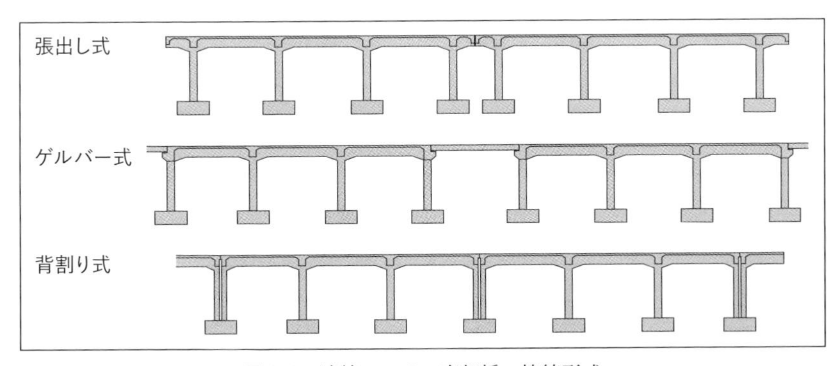

図2-3　連続ラーメン高架橋の接続形式

1-4　施工上の制約と構造・施工方法との関係

連続立体交差事業では，現在電車が走っている線路を使いながら高架橋建設工事を実施することとなる．工事の切換手順や進入路の確保などは個々の立地に合わせて計画する必要があり，用地の制約から構造と施工方法が決まる．つまり，制約条件の厳しい中で工事を成立させるため，先に施工方法を決定し，それに対応した構造を計画するのである．高架化の施工方法には，仮線方式，別線方式および直上方式の3通りがある（図2-4）.

(1) 仮 線 方 式

仮線方式は，現存する線路脇に仮の線路をつくり，線路を切り換えた後で，元の線路用地の上に高架橋を構築する施工方法である．整備前後で線路の平面位置が同じという利点があるが，数度の線路切換を行う必要がある．

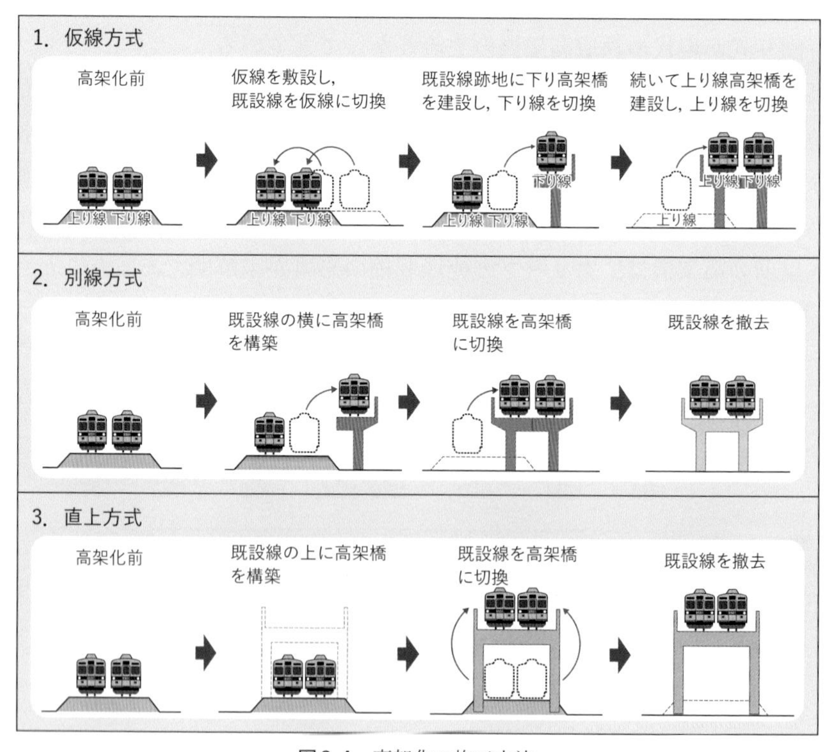

図2-4　高架化の施工方法

住宅密集地において仮線を営業しながら高架橋を構築する場合，線路間に挟まれた狭隘な場所での施工となることから，作業ヤードや工事用道路の確保が難しい．そこで，高架橋の柱の間隔を工事用車両の通行可能な位置に配置するとともに，高架橋スラブ下にPC板等の埋設型枠を活用するなどして高架下の空間を確保する．

さらに，工事量の削減と工期の短縮を実現するため，地中梁を省略可能な構造を開発することもある（これは中央線三鷹～立川間の高架橋で実現した）．

また，仮線からの離隔が確保できる範囲を一期施工で構築し，二期施工で張出しスラブを構築するという方法を採用せざるを得ず，このような場合は，計画線に対して柱が等間隔（あるいは軸対象）に配置できない．

図2-5はこれらの工夫を全て施した仮線方式の現実的かつ究極的な解決イメージである．

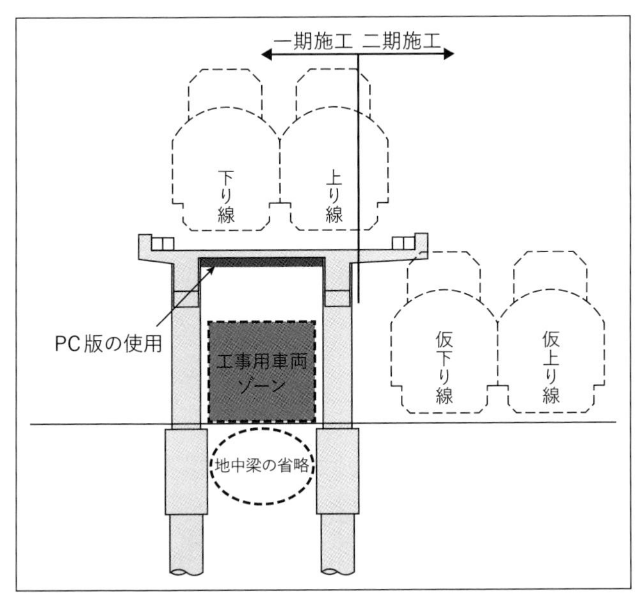

図2-5　制約条件下の構造計画

(2) 別線方式

別線方式は，従来の線路脇に新たな高架橋を構築する施工方法である．いうまでもなく，用地が確保できるのであればこれが最も整備しやすい．ただし，ここでも作業ヤードや工事用道路が課題となり，特に高架橋が整備前の用地上空に重なる場合は，仮線方式で述べた各種の工夫を併用する必要がある．

(3) 直上方式

直上方式は，現存する線路の真上に高架橋を構築する施工方法である．確保できる作業ヤードや工事用進入路の状況に応じて工事の難易度が大きく左右される．多くは夜間き電停止中に基礎を近接施工して，工場製作された柱を架設した後，工場製作された梁とスラブを架設するなどの方法が採用されている．上下部とも鋼構造が活躍する場面も多い（図2-6）．

直上方式でも通常は活線施工を行うのだが，工期を画期的に短縮するため1年間営業を休止して直上方式を実現した特殊な例がある．秋田新幹線（盛岡～秋田）の盛岡駅アプローチ部である．

これは田沢湖線盛岡～大曲間および奥羽線大曲～秋田間127.3kmを狭軌から標準軌に改軌し，新幹線の東京～盛岡～秋田間の直通運転を実現するに際

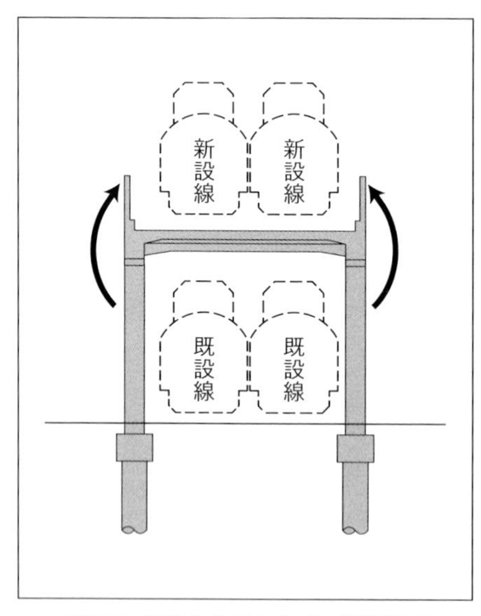

図2-6　標準的な直上方式の構造計画

写真2-1　天昌寺高架橋のCFT

し新設された「盛岡駅の東北新幹線から分岐して田沢湖線へ至る高架橋」である．その建設用地のほとんどは市街地を貫く田沢湖線の単線約1.1km区間であり，用地買収箇所を大幅に減少させ，かつ工期短縮を図るために在来線の営業を休止して施工することが選択された．

高架橋の構造形式は，1年間のバス代行期間に完成させなければならないことからCFT（コンクリート充填鋼管）柱とSRC梁を併用したビームスラブ式ラーメン高架橋が採用され（**写真2-1**），狭隘な作業空間での急速施工を実現した．CFT柱の効果で桁下空間は非常にすっきりしている[4)]．

(4) 単柱式構造

施工方法ではないが，ここで単線の場合のバリエーションについて述べておく．

日豊本線日向市駅高架（2006年）では，単線区間の単柱15mスパンの高架橋が採用された．両毛線伊勢崎駅付近高架（2010年）でも単柱式の背割り高架橋が実現した．これは，高架幅が狭いことと曲線区間が多いことから，2柱式にすると柱間隔が狭く煩雑になるからである．直上方式でなければ，すっきりして明るい高架下空間が得られる単線の単柱方式は有力である（**図2-7，写真2-2**）．

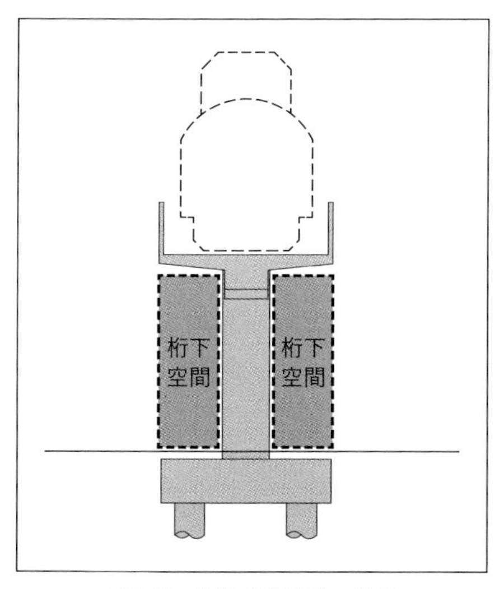

図2-7　単柱式高架橋の効果

写真2-2　伊勢崎線の単柱式高架橋

1-5　電柱の配置と耐震設計

鉄道と切っても切り離せないのが，列車に電気を送る「電車線」を支持するための電柱である．ラーメン高架橋を代表とする鉄道の高架橋において電柱は景観に与える影響が大きく，また構造的にも別途支持梁を構築するなどの配慮が必要となる．そのため，高架橋設計時には電柱も含めたトータルで景観や構造を考えるべきであり，土木技術者も「電柱」について理解を深める必要がある．

(1) 電柱の種類

近年鉄道に利用される電柱は「PC（プレストレストコンクリート）柱」と「鋼管柱」に大別される．

①ＰＣ柱

PC柱は遠心締固め成形をした中空断面のコンクリート柱にプレストレスを導入したものである．安価であり高い耐久性を有することから多くの区間で採用されている．プレストレス導入量が大きいことから，過大な曲げモーメントが作用したときにはコンクリートの圧壊が先行する脆性的な破壊形態となる．このため，固有周期が近い鉄道高架橋上の電柱は大規模地震時に共振による折損や傾斜などの大きな被害を生じやすく（**写真2-3**），近年では土工区間への適用が中心となっている．

②鋼管柱

鋼管柱はPC柱と比較して強度が高く，軽量であることから大きな強度を

写真2-3　東北地方太平洋沖地震における電柱損傷事例

必要とする箇所や狭隘な箇所に設置される．鋼管が腐食しないよう溶融亜鉛めっき等による防錆措置が必要となる．さらに，兵庫県南部地震以降は耐震設計上有利になることから，高架橋上で鋼管柱が多く用いられている．

(2) 電柱の配置

電車線を設計するうえでまず決定しなければならないものが，電車線の支持径間（電柱の配置間隔）と電車線の張力である．これらは，風圧によって電車線がパンタグラフから外れ運転に影響を及ぼさないように定める必要がある．例えば風速30 m/sの風が吹いてもパンタグラフの有効幅以内に電車線が位置するように電柱の配置間隔を決定する．配置間隔は電車線の吊下げ方式や線形によって異なるが，在来線で代表的なシンプルカテナリ方式や新幹線で代表的なコンパウンドカテナリ方式では**表2-3**に示すとおり直線区間で50 m以下が標準とされ，曲線区間では曲線半径が小さくなるほど配置間隔を小さくする必要がある．

断面方向では，防音壁内側に電柱を配置する都合上，電柱部だけ施工基面幅が小さくなることが多い．よって，高架橋設計時には施工基面幅や建築限界への配慮が必要である．

表2-3 電柱の支持間隔（直線区間）

トロリ線の吊下げ方式	概要図	標準径間
シンプルカテナリ式	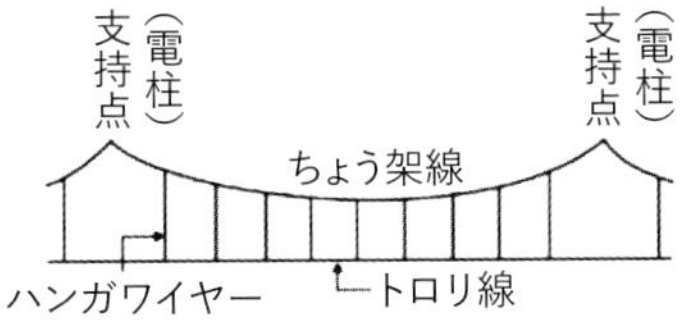 支持点（電柱） 支持点（電柱） ちょう架線 ハンガワイヤー トロリ線	50 m以下
コンパウンドカテナリ式	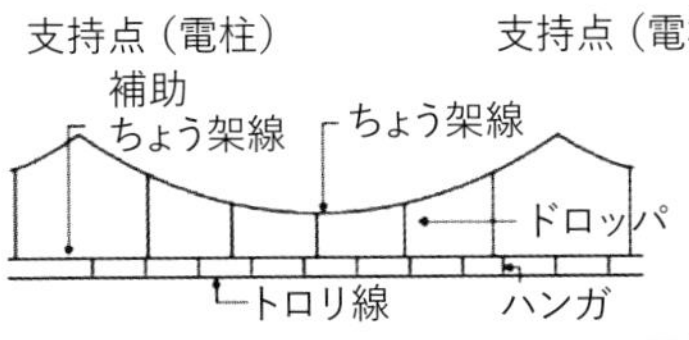 支持点（電柱） 支持点（電柱） 補助ちょう架線 ちょう架線 ドロッパ トロリ線 ハンガ	50 m以下

(3) 電柱の耐震設計の変遷[5)]

電柱はもともと，風荷重や電線の張力等に耐えられるように設計されていたが，1978（昭和53）年に発生した宮城県沖地震により，建設中の東北新幹線のコンクリート柱にひび割れや折損が多く発生したことを契機に電車線の設計にも耐震設計が取り入れられ，1982（昭和57）年に電車線路設備耐震設計指針（以下，耐震指針）が策定された．電柱の損傷は高架橋の揺れに電柱が共振したことが原因の一つと考えられたため，耐震指針では高架橋と電柱の動的相互作用を考慮した修正震度法の考え方が取り入れられている．

1995（平成7）年に発生した兵庫県南部地震では土木構造物が大きな被害を受けたため，1999（平成11）年には土木構造物の耐震設計の基準となる「鉄道構造物等設計標準．同解説（耐震設計）」（以下，耐震標準）が発刊された．この耐震標準では，「きわめて稀であるが非常に強い地震動」に対して，高架橋などの損傷は許容するが，構造物全体系として倒壊は防止する設計法が取り入れられた．高架橋上に設置される電車線の耐震設計は，高架橋の耐震設計と密接な関係があることから，耐震指針も同時期に改訂された．

2011（平成23）年に発生した東北地方太平洋沖地震の被害や地震動の特徴，地震関連の研究で得られた新たな知見を盛り込むため，2012（平成24）年に耐震標準が改訂された．この改訂を踏まえ，2013（平成25）年に耐震指針も改訂となり，従来の耐震指針では考慮されていなかった構造物の回転によるロッキングの影響を考慮することとなった．これにより，設計で考慮する電柱への作用はさらに増加することとなり，例えばJR東日本で概略検討時に用いる電柱の作用は**表2-4**のように大きな値となっている．

表2-4　電柱の作用※（地震の影響）[6)]

線路直角方向			線路方向	
鉛直力（kN）	水平力（kN）	モーメント（kN･m）	水平力（kN）	モーメント（kN･m）
40	40	400	20	220

※複線，門型柱，き電線4条/電車線ツインシンプル2条/高圧配電線1回線の場合

1-6 構造デザイン上の要件

ここまで，鉄道高架橋に要求される性能と制約条件等を主としてエンジニアリング面から解説した．重い電車を高速で走行させるための，そして都市の狭隘な用地内で高架化を実現させるための優れた構造はやはりビームスラブ式RCラーメンであり，現在に至るまでこの構造を中心に据えて技術開発がなされてきたのである．

ここでは，これらの技術動向と並行して発展し，重視されてきた構造デザイン上の方針（設計思想，デザインコンセプトの基本となり，形態操作の拠るべきルールと目されるもの）を解説する．

(1) 鉄道高架橋の視知覚的特性から留意すべきこと[7)]

高架橋は，線的に連続する構造物であるとともに，それ自体があるボリュームをもって存在する．と同時に，多くの場合は高架下に人々が利用または近接する空間をつくりだす．特に鉄道高架橋は道路橋と違い次のような特徴がある．

① 平面線形，縦断線形の自由度が小さく高架橋の延長が増大しがちである
② 構造部材のサイズが大きい
③ 総幅員が小さい
④ 架線と電柱が存在する
⑤ 標識や照明柱などの付属物が少ない
⑥ 内部景観の視点がほとんどない
⑦ 走行車両の形態が特定されやすい
⑧ 通常は無騒音だが，走行音によって列車の通行を知覚できる

このうち①は極めて重要で，同一の構造単位が長く水平に連続することによって《連続性》《水平性》が鉄道高架橋のアイデンティティを形成しているといえる．また，②は鉄道橋の宿命であり「径間を大きくして橋脚数を減らしてすっきりさせようと意図しても，桁が鈍重なイメージを与えて逆効果になる」という傾向に注意が必要である（図2-8）．

景観上のノイズになりがちな④と⑤は，⑥の理由により外部景観のみコントロールすればよいのだが，電柱の存在感は非常に大きく，延々と繰り返し

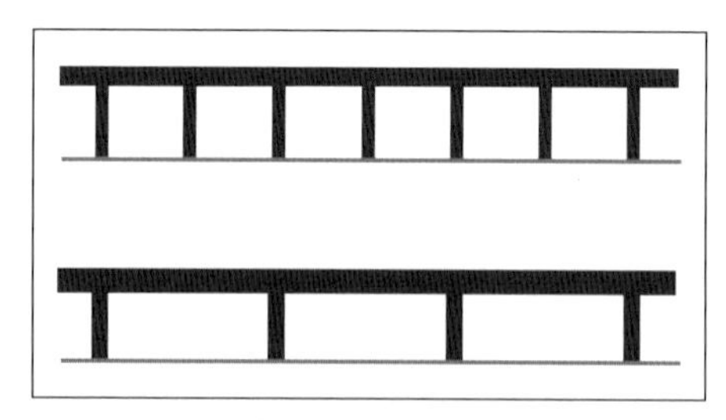

図2-8　径間長2倍のシルエット

出現するのでなかなか難しい．①②と相まって《再起性》という特性を活かして美的に制御することが肝要である．

⑦⑧は地域イメージを左右する重要な要素である．電車が走行音と共に視覚と聴覚を刺激するというのは，ノイズである反面，地域らしい景観，地域らしい生活音として認知されていて，電車の見せ方，聴かせ方が重要なデザインエレメントになる．例えば，都市・郊外・田園のそれぞれで姿や音を消去したいケース，印象的な景観を与えるべくほどよく見せたいケースがあり，それらのデザインコントロールによって地域個性が生まれるのである．

以上のことから，鉄道高架橋は，連続性，水平性，再起性が高い構造物であるということができ，これらのデザインキーワードを重視しながら形態操作を行うことがデザインの原則であると考えられてきた（**表2-5**）．とりわけ「橋の美しさの源は連続性にある」として《連続性》が重視されてきたのである．

第1編1-4に記述したように，わが国では1980年代の終わりごろから建設省と運輸省が公共土木施設の景観デザインを向上させる取組みを始めた．当

表2-5　鉄道橋のデザインキーワード[7)]

キーワード	サブキーワード	意　味
連続性	線的連続性 滑らかさ 方向性	全体として一続きの滑らかな線であり，分岐や急激な変曲点を持たずに続いていくこと．延長と幅員の比が大きく，方向性を持っていること．
水平性	平行 レベル 延長性 安定性	ある一定のレベルで水平なラインが連続し安定した印象を与える．また可視な部から全体への延長性を感じ取ったり，他の要素（特に地形）の位置関係を把握する基準線となること．
再起性	反復性 リズム 統一性・同調性	同じものが繰り返し出現することで得られるリズムや統一感，質的同一性のこと．

時の日本鉄道建設公団やJR東日本をはじめとする事業者も独自に良好な景観形成に取り組み，それぞれが景観設計ガイドラインを制定するに至った．表現はそれぞれ異なるものの，いずれも連続性を重視する点は強調されている．

(2) 土讃線高知駅付近高架橋[8)]

景観デザインの例として高知駅付近高架橋を紹介する．

土讃線では，踏切による交通渋滞を改善するため，2008（平成20）年に高架切換え，北口駅前広場の整備と新高知駅の開業を達成した．その後2009（平成21）年に高知駅南口駅前広場が完成した．

景観設計としては高知駅部と高架橋部を同時に検討することが望ましいが，駅部は再開発構想を検討中であったため，景観の性格が異なる「高知の顔となる駅部」と「生活の中の標準高架部」に分け，はじめに高架橋部，続いて再開発検討の進捗に応じて駅部の景観検討が進められた．

高架橋部の景観設計は，1995（平成7）年に「JR土讃線鉄道高架景観検討委員会」を設置して決定されている．委員会の構成は，景観設計の学識者と

写真2-4 一般部

写真2-5 駐車場部

写真2-6 駐車場部

鉄道施設の専門家，住民代表，県，市，四国旅客鉄道株式会社の関係機関からなる．設計はデザインを検討するデザイナーと構造関係を検討するコンサルタントで実施した．

高架橋のデザインは，従来型の矩形の柱と梁の構成を採用せず，沿線住民が生活の中で高架橋に接する場面を想定して，梁を逆台形断面のフラットスラブにしてすっきりとさせ，2本の丸柱で受ける構造とした．高架橋の特徴は次のとおりである．

① 桁中央に2本の丸い脚を寄せ，側方空間を空けて圧迫感をなくした．

② 逆台形断面の下端コーナー部を丸面取りとし，近視点でも抵抗感の少ない優しさの感じられる形とした．

③ 2本の脚部上下の「つなぎ」部分に細かい縦スリットのテクスチャーを入れて表情を持たせた（**写真2-4**）．

④ 駐輪場部は2本脚の間隔を広げるなどして，高架下利用に合わせて構造形式を選択した（**写真2-5**）．

⑤ 従来の高架橋の桁受け部は桁下面に段差が生じていたが，調整桁の端部を切り欠き，ゲルバー構造として桁下面の連続性を確保した．調整桁は，支承のメンテナンスに配慮した形状となっている（**写真2-6**）．

⑥ 架道橋部は，従来は最も経済的な桁とラーメン橋台を組み合わせた構造が多く，隣接する標準高架橋との連続性はほとんど考慮されていなかった．しかし本高架橋では，架道橋部のスパンに応じてRCスラブ桁，SRC桁，3径間連続SRC桁を使い分け，標準高架橋部と桁下面を揃えて連続性を確保

写真2-7　H鋼埋込み桁

写真2-8　3径間連続H鋼埋込み桁

した．スパン長別による上部工形式としては，スパン＝15m以下はRCスラブ桁，スパン＝15～20mはH鋼埋込み桁（**写真2-7**），スパン＝20m以上は3径間連続H鋼埋込み桁（**写真2-8**）もしくは門型ラーメン高架橋としている．

⑦ 防音壁のデザインは，量感をやわらげるためCFRP高欄パネルの側面を上下2段に分け，プレキャスト版を後付けする構造としている．上面のスカイラインをすっきりと見せ，下段を水切れの良い形状とし，さらに縦ラインのスリットのテクスチャーを施して細やかな表情を施した（**図2-9，写真2-9**）．このデザインは，原寸大の模型パネルを近くの鉄道高架橋に数点設置し，スリットの間隔，高さ，下端部の処理，色彩などを比較，確認し

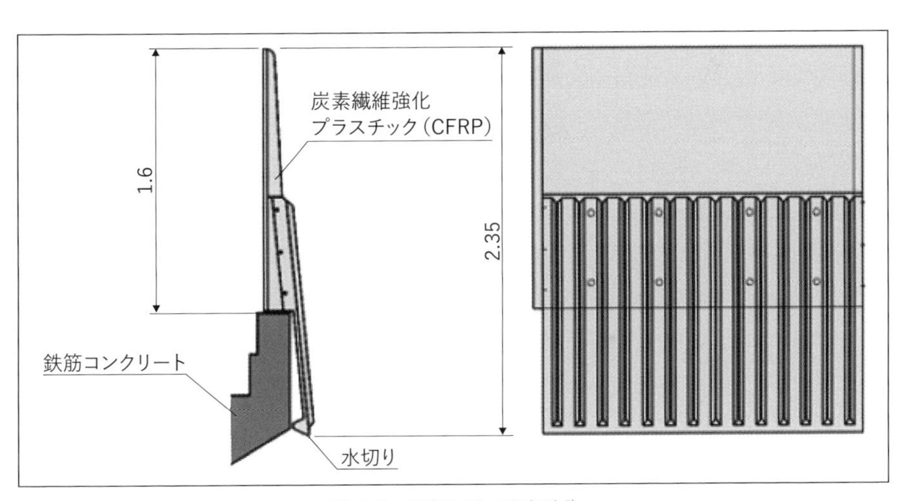

図2-9 CFRP製の防音壁[8)]

写真2-9 CFRP製の防音壁

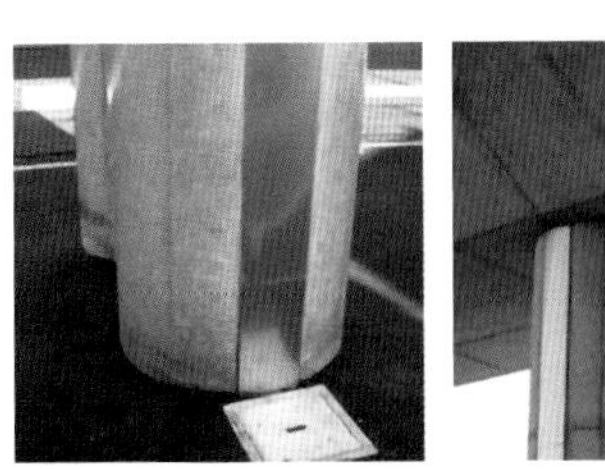
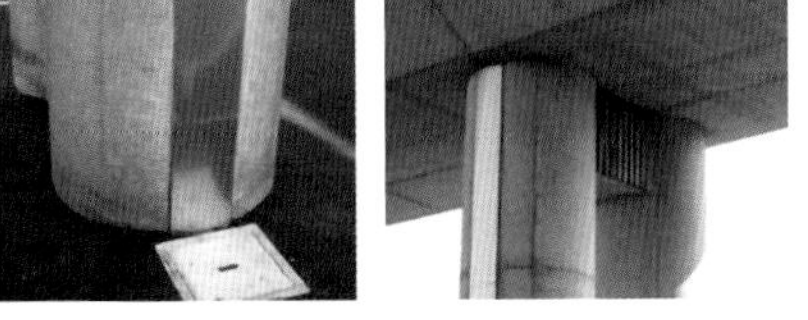

写真2-10 排水管の処理[8)]

て選定したという．テクスチャーのサイズは比較的小さく，至近景の眺めを重視したものと思われる．上下2段に分けたデザインがユニークである．

⑧ 排水管は景観阻害要因とならぬよう橋脚に収めて目立たなくし，管理面を考慮して橋脚のスリットに埋込みカバーを掛けた（**写真2-10**）．

以上の数々の創意工夫により徹底的に形態的連続性，水平性が保たれたのである．

2. 現代の在来線高架橋

中央線東京駅付近高架橋は今もなお鉄道高架橋における最先端のデザインといっても過言ではない．これは前述のとおり道路管理者からの厳しい条件を受け，景観デザインを優先して構造形式を決定していることが一因ともいえる．

現在も連続立体交差化事業等で在来線高架橋が多く建設されている．それらは景観デザインよりも構造的合理性や工事費・工期が優先されることがほとんどであり，中央線東京駅付近高架橋のような「規格外」のデザインが採用されることは難しいのが実情である．しかし，だからといって景観デザインに優れる高架橋が生み出せないわけではなく，技術的検討や創意工夫により構造的合理性や工事費・工期とデザインが両立された高架橋も多くある．本章では，そのような「現在のスタンダード」を作ってきた高架橋の事例を紹介する．

2-1 中央線三鷹～立川間高架橋[9)]

中央線三鷹～立川間連続立体交差化事業により三鷹～立川間の約13.1kmにおける在来線複線区間が高架化された．本事業は1994（平成6）年に都市計画決定された後1999～2014年にわたって実施され，高架化により全18カ所の踏切が除却されたものである．高架区間の大部分はビームスラブ式RCラーメン高架橋が採用されている．これらの高架橋は，構造計画と景観設計を一体的に行い，美観・施工性・経済性・使用性を総合的に検討しており，デザイン的にも技術的にも現代の在来線高架橋の構造計画を根本から再構築したものといってよい．また，高架橋完成後には**第3編**で詳述するように高架下空間が「ののみち」として開発され，地域の暮らしの拠点としての役割を果たしている．

(1) デザイン

高架化範囲は都心部に近接する住宅地であり，高架橋は日常的に沿線住民の目に入ることを踏まえ「連続性の確保」「周辺環境との融和」「圧迫感，煩雑感の少ないデザイン」がデザインコンセプトとされている．

駅間の高架橋は主にビームスラブ式RCラーメン高架橋が採用されている（**写真2-11**）．線路方向のスパンはそれまでのビームスラブ式RCラーメン高架橋では10m前後が主流だったのに対して初めて15mの採用が検討され，柱の本数を少なくすることによりすっきりとした印象を与えている．高架橋形式は支承構造をなくすことによる維持管理の省力化に配慮して背割り式高架橋が採用され，スパンの連続性が確保されている．高架橋1ブロックの径間数は，狭隘な施工箇所における1日のコンクリート打設量を考慮して3～4径間とされた．架道橋部では3径間PRCラーメン高架橋が採用され，交差道路に応じた中央径間スパン，および必要空頭に対し，構造的なバランスを考慮した側径間スパンが設定された．

縦梁は側道から見える高架橋の顔ともいえる部材である．従来，縦梁とハンチは折れ角をもって不連続的な曲率で擦り付けるのが一般的であった．この高架橋ではハンチ部にR＝21,000の緩やかなカーブが付けられ連続的な曲率となっている（**図2-10**）．また，縦梁中央部付近は直線形状とすることで梁高を最小限として交差道路との空頭を確保しつつ景観にも配慮した形状となっている．

次に，施工方法に起因した形態操作についてだが，都心部における連続立体交差化事業は用地の制約が非常に厳しく，最低限の用地で高架化できるよう計画されることが多い．本事業も例外ではなく，仮線施工とし，さらに高

写真2-11　駅間部高架橋

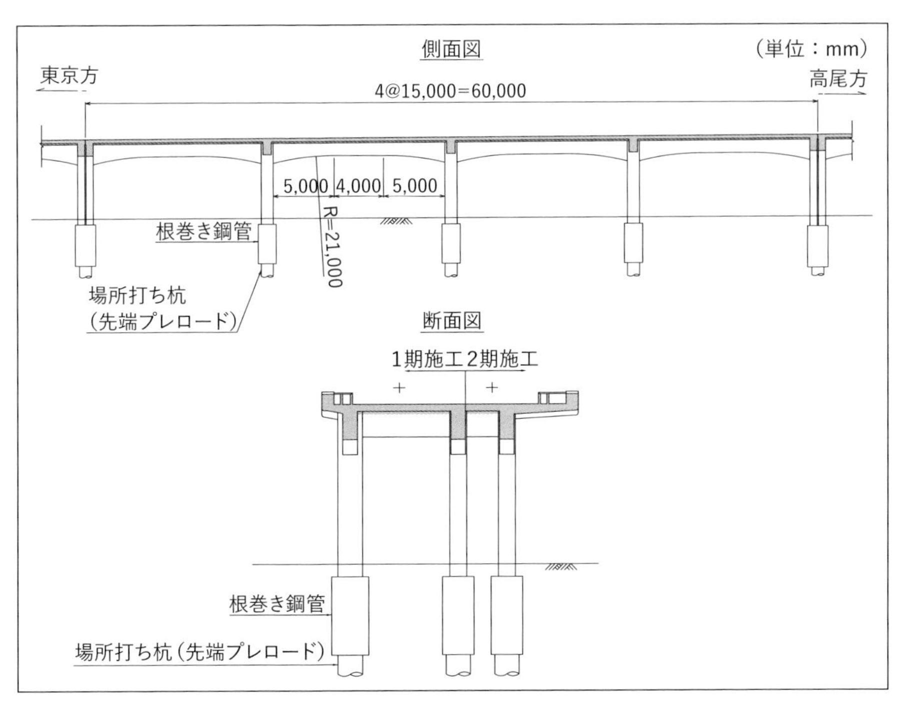

図2-10　駅間部高架橋（上1/600，下1/300）

架橋を線路直角方向に分割して2回に分けて施工することで用地が最小限ですむよう工夫されている．そのため，線路直角方向の柱配置が2線3柱式となりかつ左右非対称の配置となっている．柱が林立することにより側道からの景観が閉塞感を与えるものとならないよう柱配置について複数案が検討され（図2-11～13），高架橋の反対側が極力見通せるように配慮して柱配置が決定されている．そのため，張出しスラブの張出し長が大きい箇所があることが特徴として挙げられる．防音壁にはプレキャスト製品が採用されている．プレキャスト防音壁は形状の自由度が比較的高く，品質の高い製品が製作可能であることから近年の鉄道高架橋にて多く採用されている．現在，プレキャスト防音壁はコンクリート製とFRP製が用いられることが多い．コンクリート製防音壁は一般に材料が安価である一方で経年による汚れが目立つ場合がある．FRP製防音壁は軽量であるため，重機の使用や作業時間に制約がある場合には有利であり，経年による汚れが付きにくく美観に優れる一方で，高

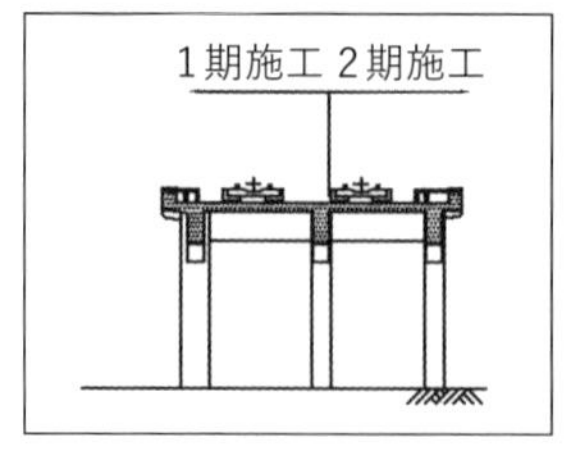

図2-11　極力均等配置案

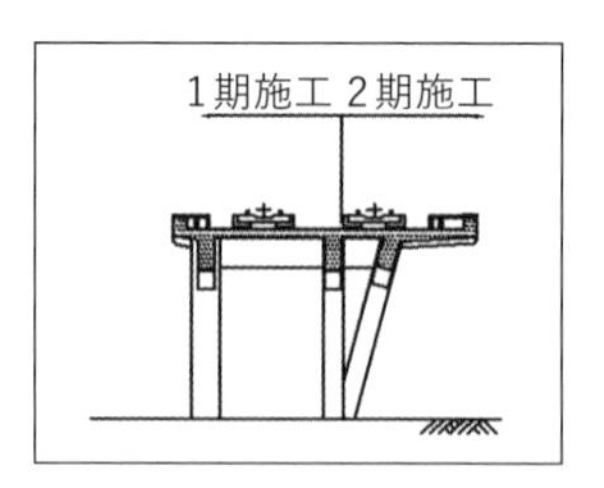

図2-12　方杖案

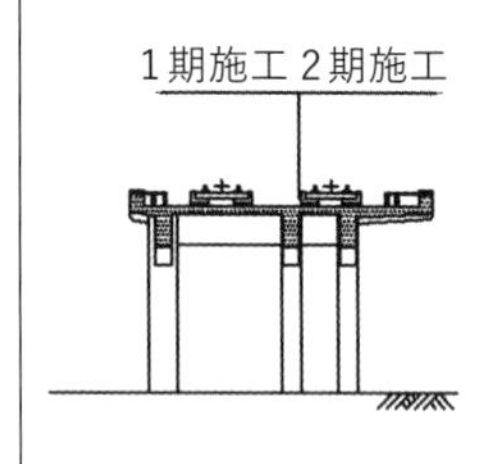

図2-13　柱寄せ案（採用案）

写真2-12　排水管の配置箇所

圧ケーブル用ダクトの側壁を兼用する場合にはコンクリートを側面に別途施工する必要があり手間を要す．本事業ではこれらを踏まえてコンクリート製とFRP製の防音壁が採用されている．コンクリート製防音壁は部分的に曲線が取り入れられ高架橋のデザインとも調和が図られている．また，FRP製防音壁は平面的ですっきりとした形状であり，また構築から10年以上が経過する現在でもきれいな状態が保たれており明るい印象に寄与している．

排水管は外観の煩雑さを抑えるために版上の排水位置は柱間とし，排水管は一般的な丸形断面ではなくかまぼこ形断面が採用されている（**写真2-12**）.

(2) エンジニアリング

上記の景観的な配慮を実現するうえで，①狭隘な環境における施工性，経済性の確保，②背割り式構造における連続性の確保について技術的な検討がなされている.

① 狭隘な環境における施工性，経済性の確保

先に述べたとおり，都心部での工事は用地の制約が厳しいため狭隘な環境での施工が余儀なくされる．特に，工事用車両の通行路は施工ヤード内に常に確保できていなければ非効率な施工を強いられることとなり，工期や工事費に多大な影響を及ぼす．そのため，この工事では工事用車両の通行路を高架橋構築位置に常時確保できるよう地中梁を省略して1柱1杭形式が採用されている．地中梁を構築するためには周囲の地盤を掘削する必要があるが，そのタイミングでは高架橋構築位置に工事用通路を確保することが困難となる．そこで1柱1杭形式として広範囲での地盤掘削を不要とすることで工事用通路を確保しようということである．これを実現するために以下の4点の技術が用いられている.

まず1点目は，柱と杭の簡易な接合構造[10)]の採用である．通常は柱と杭の接合部で破壊することがないよう接合部をマッシブにして十分な強度を持たせる．しかしこのような形態の接合部を施工するためには，仮土留めの施工を要し，狭隘な作業空間での鉄筋組立てと型枠組立て，解体を強いられる．また，場所打ち杭では杭頭処理が必要であるが，本高架橋が位置するような都心部では騒音による環境悪化も問題視される．そこでこれらの課題を解決するため，JR東日本は「脆弱部コンクリートの撤去が不要な柱と杭の接合方法」を開発，採用している．これにより地震時においても所要の安全性を確保しながら仮土留めの施工や杭頭処理が省略されたり配筋作業の煩雑さが解消されている.

2点目はスラブ下面への埋設型枠の採用[10)]である．スラブ施工用の支保工が工事用通路を塞ぐことがないようスラブ下面に埋設型枠としてPC版が設置されている．1点目と2点目の工夫により，高架橋構築箇所を線路方向の工事用通路として常時活用することが可能となった.

3点目は不等沈下対策である．高架橋の地中梁には不等沈下を防ぐ役割があり，単純に地中梁をなくすだけでは不等沈下のリスクが生じる．また，柱と杭の接合部には杭のコンクリートの脆弱部が残ってしまい，脆弱部コンクリートを撤去しなければ接合部の品質確保が難しいといった課題もあった．そこで「場所打ち杭先端の地盤にプレロードをかけて沈下を抑制する工法[11]」を開発し採用している．

4点目は耐震性能の向上である．地中梁を省略した高架橋では，地震時に柱が負担する水平力が大きくなるが，従来の柱構造に比べて飛躍的に変形性能を向上させ，予想を上回る大地震においても十分な耐震性能を付与できる「内巻きスパイラル工法[11]」を開発，採用している．

② 背割り式構造における連続性の確保

背割り式構造を採用してスパンの連続性を確保しているが，背割り部においては柱が2本並ぶため線路方向の柱幅が中間部と比べて大きく見えてしまうという課題がある．そこで，本事業では背割り部の柱幅を中間部よりも狭めて背割り部の2本分の柱幅と中間部の柱幅を極力合わせることで景観的な連続性を確保している．

2-2　東北本線衣川アプローチ高架橋[12]

東北本線衣川橋りょうは，背水堤の構築に伴い約4.0mのレールレベルの扛上が必要になったため，河川橋梁部は4径間連続下路PRCラーメン高架橋，アプローチ部はビームスラブ式RCラーメン高架橋として別線施工で新設されたものであり，延長は河川橋梁部163mを含む約1.5kmである．

衣川橋りょうが位置する岩手県平泉地方は東北における主要な歴史的観光地の一つであり，周辺は中尊寺をはじめとした国宝や国指定特別史跡等の歴史的文化遺産を集積した地区となっている．このような背景から，当該地区は岩手県制定の景観条例（岩手の景観の保全と創造に関する条例，平成5年）における景観形成重点地域に指定されており，一定面積以上の建築物・工作物等の建築行為に対しては景観に対する十分な配慮が求められている．衣川橋りょうについても同条例の対象となっており，景観に対する様々な配慮がなされている.

アプローチ部における構造計画やデザインの配慮事項を以下に記す.

(1) 構造計画

構造形式について盛土構造と高架橋案が検討されていたようだが,盛土の場合高さが最大で12.8m程度となるために相当な圧迫感や閉塞感が生じることが懸念され,高架橋案が採用されている(表2-6).

高架橋の線路方向スパンでは中央線三鷹〜立川間高架橋を上回る20mが採用されている(図2-14).これは,周囲が田畑であることから消音バラストや防音壁の設置が不要であり上載荷重が中央線よりも小さいことを活かし,中央線と同程度の縦梁断面でより大きなスパンを実現可能であったためである.これにより煩雑さを感じさせないすっきりとした印象を与えることができている.

表2-6 構造形式の比較

	補強盛土案	高架案
概念図	下り線 上り線 補強盛土 側方盛土 改良杭 12.8m	下り線 上り線 低盛土 7.0m 5.8m
構造的特性	・盛土部が3ブロックから構成され,特に左右側方部の耐震性に不安がある. ・法面が45°と急なため,草の根付きが不安であり,維持管理も困難. ・新たに横断道路を設置するのは非常に困難となる.	・地震に強い構造. ・低振動軌道が採用でき,低騒音が可能. ・横断道路の設置が容易.
景観的特性	・法面が自然に近い色彩となる. ・現在より盛土が高くなり,法面が急なため,近接箇所の住人の方々には圧迫感が大きい.	・視覚的にバランスがよく,遮断されていないため圧迫感が小さい. ・盛土案と同じ用地幅のため,植樹遊歩道設置による修景が可能.
その他	・他の築提工事も考慮すると,街区の閉塞感を増幅させる.	・築提と異なり遮蔽されていないため,閉塞感は小さい.
採用	×	○

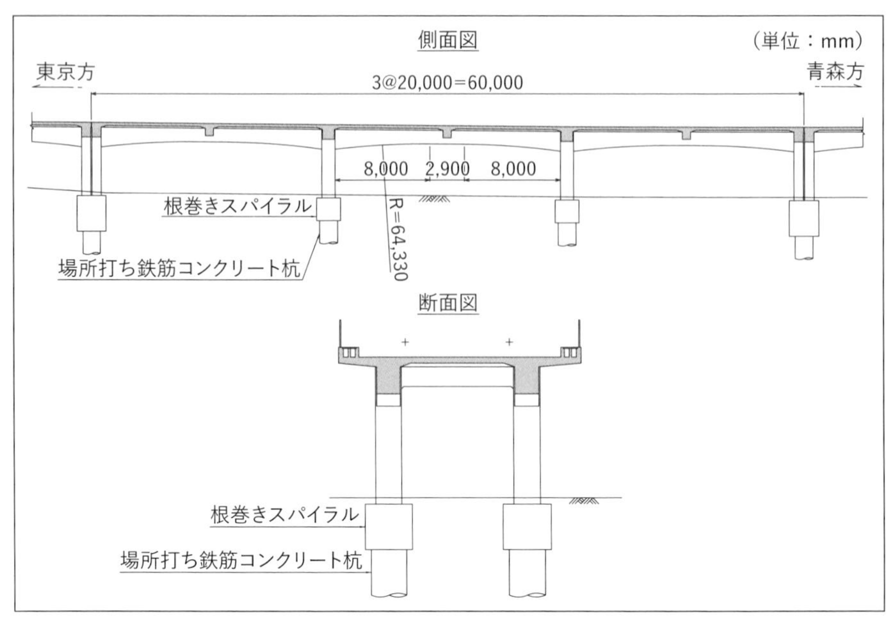

図2-14　アプローチ部高架橋図（上1/600，下1/300）

(2) デザイン

縦梁のハンチ形状は曲線ハンチを採用し周囲の山並みに溶け込みやすいよう配慮されている（**写真2-13**）．また，高架橋が周辺の景観と調和するよう，改築前に線路が配置されていた盛土を利用して周辺地盤面よりも一段高い低

写真2-13　アプローチ部高架橋

盛土上に施工することで高架橋の高さを低く抑えるとともに，高架橋の両側にコナラ，エドヒガン等平泉の地域を特徴づける樹木を植樹している．

(3) 大スパン化の要点

東北本線衣川アプローチ高架橋のようにこの頃からスパン20mを超える高架橋が少しずつ増えてきている．その中でも特に大きなスパンを実現しているのが高台移転した仙石線新野蒜駅と鳴瀬川橋りょうを結ぶ高架橋である（**写真2-14**）．本高架橋は2011年に発生した東北地方太平洋沖地震の復旧区間に建設されたものであり，柱高が最大で約17mと非常に高いことから景観に配慮しスパンを24～29mとしている（**図2-15**）．ビームスラブ式RCラーメン高架橋は一般にスパンが20m程度以上になると縦梁に発生するひび割れ幅が過大になる．そのため，通常の構造では20mを超える大スパンの実現が困難である．ではなぜ本高架橋では30m近いスパンを実現できたのか．それは，構造自体はRCを基本としつつも縦梁にPC鋼材によるプレストレスを導入しひび割れ幅の制御を行ったからである．具体的には，PC鋼材（12S15.2）を各縦梁に1本配置することにより，偏心軸力を受けるRC部材として各限界状態の照査が行われている．このように，スパン20mの壁を超えるには，ひび割れ幅をどう制御するかが肝要であり，プレストレスの導入はそれを解決するための有効な方法といえる．

写真2-14　仙石線高架橋の例

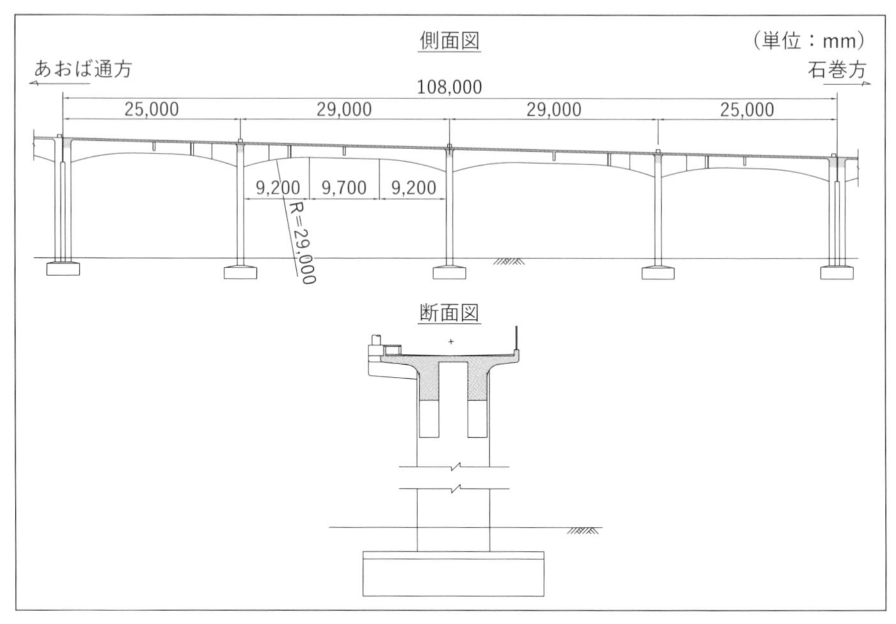

図2-15　仙石線高架橋の例（上1/1,000，下1/300）

2-3　常磐線駒ヶ嶺～浜吉田間高架橋

東北地方太平洋沖地震に伴う津波により常磐線は甚大な被害を受けた．周辺自治体を中心に被災地域全体の復興やまちづくりが議論され，内陸への街の移設計画が進められた．これに伴い，常磐線の浜新地～浜吉田間14.6 kmの区間についても内陸側に移設して復旧することとなった．移設区間については新線が建設され，そのうち約6.1 kmがビームスラブ式RCラーメン高架橋区間となっている．

常磐線の復旧はまちづくりにおいて重要な位置付けであることから，1日でも早く開業することが目標とされた．移設区間では高架橋区間が長いことから標準設計が取り入れられ設計工期の短縮が図られている．そのため，デザインはシンプルな形状に統一され汎用性が高められたものとなっている．

(1)　一般部高架橋

当該区間の高架橋はビームスラブ式RCラーメン高架橋である（**写真2-15**）．坂元駅および山下駅の駅部高架橋はスパン15 mの一般的な背割り式複線高架橋であり，単線区間となる駅間部では，上載荷重が小さいことから駅部よりも長いスパン20mの背割り式高架橋が採用されている．これにより柱本数を減らすことで非常にすっきりとした印象の高架橋となっている（図2-16）．

柱と杭の接合は一柱一杭形式が基本となっている．また，接合方法は中央線で採用されている「根巻き鋼管構造」に加え，「RC根巻き構造」の2種類

写真2-15 常磐線復旧区間の高架橋（第三埒木崎高架橋）

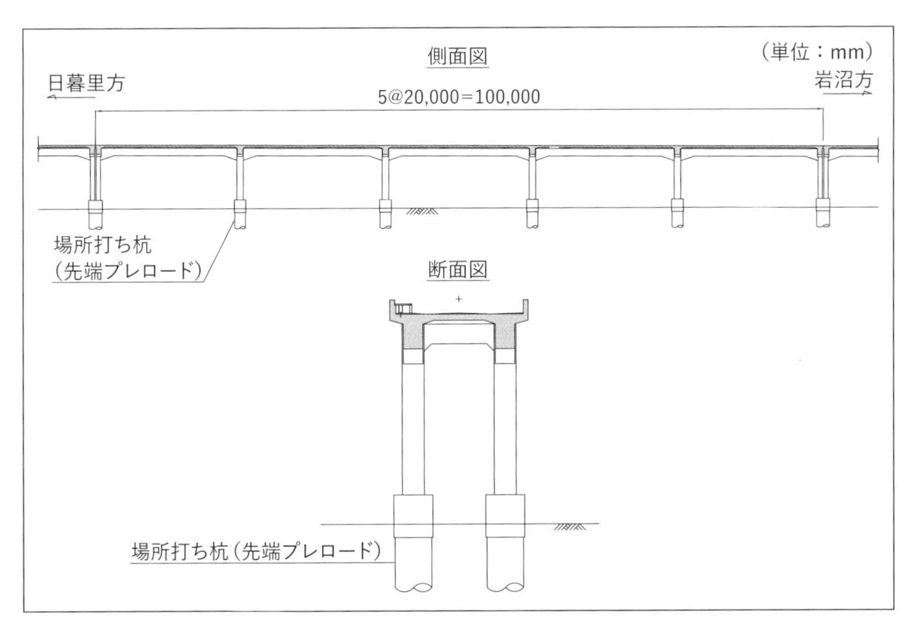

図2-16 駅間部の高架橋（上1/1,000，下1/300）

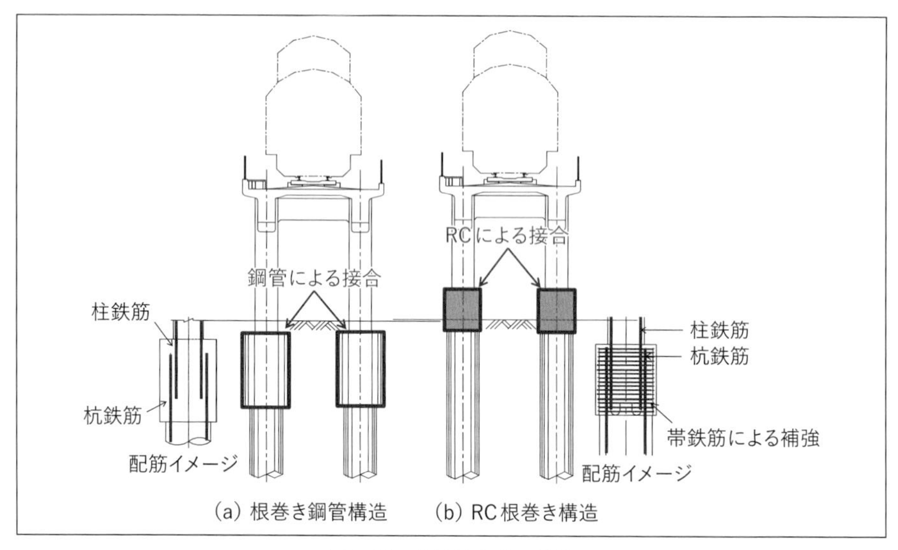

図2-17　柱杭接合部の構造

が使い分けられている（**図2-17**）．これは，500本以上に及ぶ鋼管の材料手配に時間を要す可能性が考えられたことから，工程遅延のリスク回避と経済性が勘案されたためである．RC根巻き構造は施工性を勘案して地上に出されている．よって高架下利用のない駅間部で適用されている．一方で根巻き鋼管構造は地上への突出がないために高架下利用のある駅部で適用され，高架下空間の有効利用が可能となっている．

本高架橋周辺は田畑として利用されているため，防音壁が不要であることから，保守点検用の防護柵が設置されている．そのため，車両の全景が見え，鉄道高架橋であることが一目瞭然である．

電柱は柱位置に合わせて配置できるように配置間隔を40mとしている．これによって煩雑な印象を与えないよう配慮されている．

以上のように，常磐線高架橋は地方ならではの特色が活かされ，都市部とはまた違ったデザインが実現されている．

(2) 低床高架橋

移設区間の構造物は高さが3m程度以上となるものは高架橋，それ以下は盛土を基本として配置が計画されている．しかし，軟弱地盤部においては盛土の十分な支持力を確保するために地盤改良やパイルネットなどの補助工法を併用する必要があった．そのため，盛土の工事費の増大を防ぐために軟弱地盤部においては低床高架橋が採用されている（**写真2-16**）．低床高架橋はパイルベント式ラーメン構造が採用され，スパン長は10 mが標準となっている（**図2-18**）．

写真2-16　低床高架橋

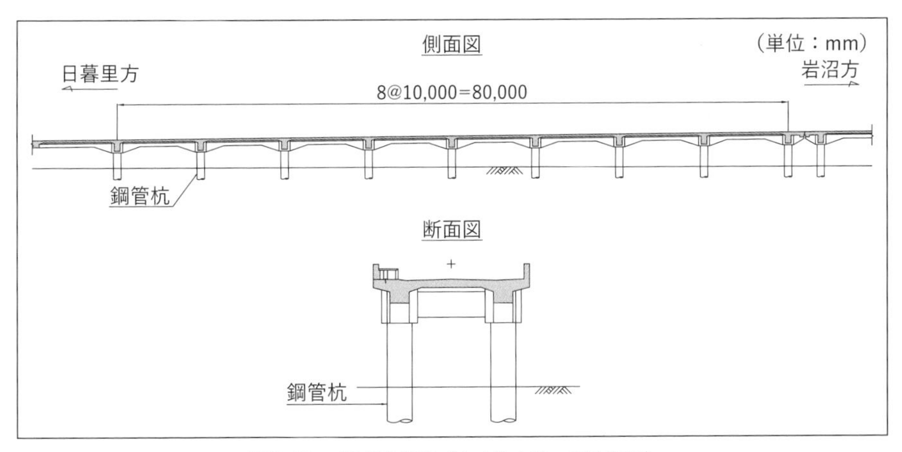

図2-18　低床高架橋（上1/1,000，下1/300）

2-4　つくばエクスプレス線のアーチスラブ式ラーメン高架橋[13)]

(1) 景観のコンセプト

第1章の1-6で紹介した「つくばエクスプレス線」の高架橋のうち，約7.6kmには，鉄道高架橋で多く使われているビームスラブ式ラーメン高架橋に代わり，アーチスラブ式ラーメン高架橋が採用されている（写真2-17, 2-18）.

当時の高架橋の設計にあたっては「コストアップにならない範囲でできるだけ景観に配慮する」ことが目標とされ，次の2つのコンセプトに基づいた構造計画になっている.

1点目は「都市鉄道として新しい近代的な都市環境との調和を図り，周囲の景観を阻害しない構造であること」であり，2点目は「建設労働者の高齢化と熟練工の減少へ対応するための省力化を図ること」である．そこで，ビームスラブ式ラーメン高架橋に代わって新しく開発したアーチスラブ式ラーメン高架橋，桁式高架橋については鉄道橋で初めてPCU形桁を適用することに

写真2-17　アーチスラブ式高架橋（壁柱タイプ）

写真2-18　アーチスラブ式高架橋（2柱タイプ）

なった．なお，PCU形桁については本編4-1を参照されたい．

(2) アーチスラブ式ラーメン高架橋

つくばエクスプレス線のアーチスラブ式ラーメン高架橋は，図2-19に示すように3〜6径間の連続したアーチ形状のスラブを13〜15 mスパンの壁式橋脚で支えたラーメン構造である．アーチスラブ式ラーメン高架橋は，従来のビームスラブ式ラーメン高架橋と比較すると次の特徴がある．

① 床版スラブ

床版スラブの縦梁および横梁をなくし，スラブ下面をアーチ状にしたことでハンチがアーチに含まれた形状とした．これによりスラブ下面は単純な面状となり，型枠の組立ても簡素化され，移動可能な型枠を用いることで次の高架橋にも分解せずに使用できた．

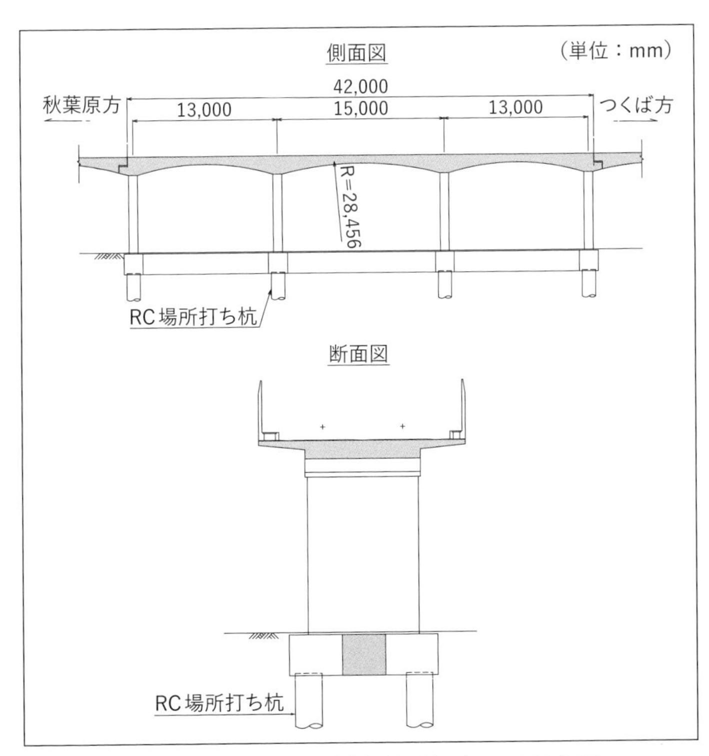

図2-19　アーチスラブ式高架橋（上1/600，下1/300）

写真2-19　桁受け部のアーチと排水管の処理

写真2-20　電柱支持梁と防音壁

② 調　整　桁

調整桁もアーチスラブであり，桁端部とラーメンの桁受け部をアーチに合わせた形状とすることでアーチの連続性を確保した（写真2-19）.

③ 壁式橋脚（柱）

スラブを壁式橋脚で支持することにより，高架下の煩雑感を抑えている．壁式橋脚にしたことで鉄筋および型枠の組立てが単純化され，従来は施工が難しかった柱と縦梁および横梁の接合部，ならびに柱と地中梁の接合部における鉄筋の輻輳が緩和された．壁式橋脚の横方向幅は3m，4m，5mの3タイプに対して比較検討が行われ，構造性と景観性を評価した結果，5mが最適と判断された.

壁式橋脚を適用したことで図2-19に示すように縦地中梁を1列に減らすことで基礎工事の省力化を図った．ただし，地盤条件が良くない区間については，写真2-18に示す2柱式で縦地中梁が2列あるアーチスラブ式ラーメン高架橋を適用している.

④ 電柱支持梁

電柱支持梁の設置箇所は柱の位置に揃えている．電柱支持梁は高さを低くした幅の広い逆台形であり，側面も防音壁の側面に合わせている（写真2-20）.

⑤ 排　水　管

排水管は橋脚内に埋め込まれている．ただし，桁からの排水部，および桁～橋脚間において，切回しの関係から部分的に露出している（写真2-19）.

3. 現代の新幹線高架橋

最初に，新幹線高架橋と在来線高架橋とでは，要求性能のレベルと構造特性がどう違うのか述べておきたい．新設する鉄道構造物は，前述した**表2-2**の性能項目にある「地震時の走行安全性に関わる変位」[1]に対して構造物の性能を照査する必要がある．地震時の走行安全性は，L1地震（設計耐用期間内に数回程度発生する確率を有する地震動）[14]に対して走行中の列車が走行安全性を確保するための性能である．この性能を確保するためには，L1地震に対して構造物境界における不同変位ならびに振動変位が限界値以下であることが必要である．

構造物境界における横方向の不同変位には，**図2-20**に示すように軌道面の目違い，角折れ，平行移動といった区分がある．新幹線鉄道は列車が在来線よりも高速で走行するため，**表2-7**に示すように新幹線の限界値は，在来線よりも厳しい値となっている．特に速度向上を行う新幹線については260km/hの限界値よりも値が厳しい．**表2-2**の振動変位については，地震時に生じる構造物の振動エネルギーの大きさを表した指標である．これらの限界値は構造物が降伏していない状態に対しての値であり，一般的にはL1地震に対して

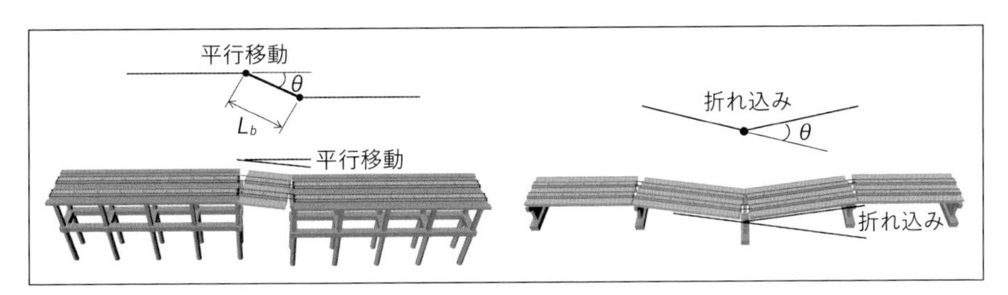

図2-20 構造物境界における不同変位[1]

表2-7 地震時における軌道面の不同変位の限界値[1]

方向	最高速度	平行移動		折れ込み
		L_b＝10m	L_b＝30m	
水平	130km/h（在来線）	7/1,000		8/1,000
	260km/h（新幹線）	5/1,000	3/1,000	3.5/1,000
	320km/h（新幹線）	4/1,000	2/1,000	2/1,000

構造物の主部材に降伏が生じないように設計を行っている.

次に,高架橋の構造特性について述べる.高架橋を支持する地盤条件が悪いと基礎の支持力や地盤反力が小さくなるため,構造物の固有周期は長くなる.固有周期が長いと地震時の変位（応答値）が限界値を超えやすくなる.構造物の変位を抑える方法,ならびに構造物の固有周期を短くする方法としては,構造物に生じる地表面付近の変位を抑えるために地中梁を設けるのが効果的である.

図2-21は地中梁の有無による地震時の曲げモーメントの分布のイメージである.**図2-21**に示すように地中梁を設けることで地震時の杭頭部の回転変形を地中梁が拘束して杭と柱の機能が分離された部材となるため,軌道面における水平変位も小さく,構造物の固有周期は短くなる.柱の曲げモーメントの分布からも柱の上端と下端は,ほぼ逆対称であり,上層梁と柱の接合部の発生断面力が低減できるため,上層梁の梁高も抑えることができる.

一方,地中梁がないパイルベント構造は,杭と柱が一つの部材として機能するため,軌道面における水平変位も大きく,構造物の固有周期も長くなる.曲げモーメントの分布は,杭の先端から柱の上端までが連続するため,特に上部工に大きな慣性力が作用するL2地震（建設地点で考えられる最大級の強さをもつ地震動）[14]では,地中梁がある構造よりも上層梁と柱の接合部の発生断面力は大きくなる[15].そこで各部材および接合部の強度を得るために部材を大きくすると上部工重量が増えてしまい,地中梁のある構造物よりも耐

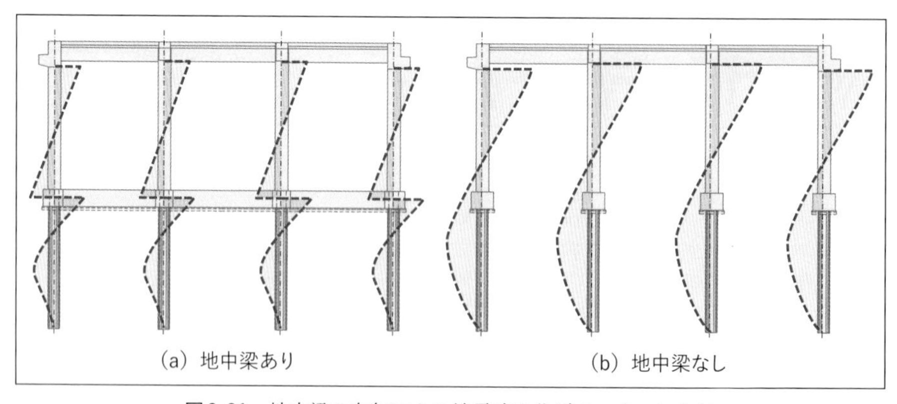

図2-21　地中梁の有無による地震時の曲げモーメント分布

震設計では不利になることがある．しかしながらパイルベント構造は，地中梁がない分，施工性が良いため，新幹線においても地盤条件，軌道面の高さ，施工環境などを勘案し，総合的に有利な場合には適用することがある．

3-1　高架橋の雪害対策と分類

ここ数年，在来線が運休していても新幹線は平常通りの運行をしているという状況がみられる．これは，積雪地，特に豪雪地帯を通過する新幹線の構造物は，建設当初から十分な雪害対策がなされているためである．雪害対策は散水消雪設備を中心に始まり，運用方法や設備の改善，新しい構造タイプの開発が重ねられてきた．最初に整備された上越新幹線に関しては，省エネの観点からさらに改良が繰り返されつつ消雪の機能は今なお充実している．そのような進化があって，「新幹線は雪に強い」という実績評価を勝ち得ている．

整備新幹線の高架橋は，地盤条件，気象条件，騒音対策に大きく影響されるが，特に寒冷地の高架橋の構造は，降雪に対して積雪深，雪質，気温，高架下の利用状況に応じた雪害対策をあらかじめ高架橋の設計に取り入れたうえで構造設計を行っている．

(1) 高架橋の雪害対策[16), 17)]

高架橋の雪害対策には，雪を融かす散水消雪型，本線を屋根で覆うスノーシェルター，高架橋の上に雪をためる貯雪型，雪をためずに高架下へ排雪する開床式などがある（**図2-22**）．

散水消雪型は，スプリンクラーで雪を融かす方法であり，軌道面（R.L.）+2.0 mまでの防音壁は，地覆と一体とした場所打ちコンクリート構造としている．これは地覆コンクリートの上にPC遮音板を積み上げると水平方向の目地で水滴が流れ落ちずに凍結してつららができるので，これを防ぐためである．

閉床式貯雪型は，軌道スラブ下の路盤鉄筋コンクリート（以下，路盤RC）を高くして軌道面より下の凹になった空間に雪をためる（**写真2-21**）．貯雪型区間の防音壁は，高架橋の外から見ると路盤RCが高い分だけ高く見える．

防音壁の形状についても雪害対策と騒音対策は相互に関連している．高架下に雪を落とせない道路交差部や市街地には直型防音壁を適用して貯雪量が

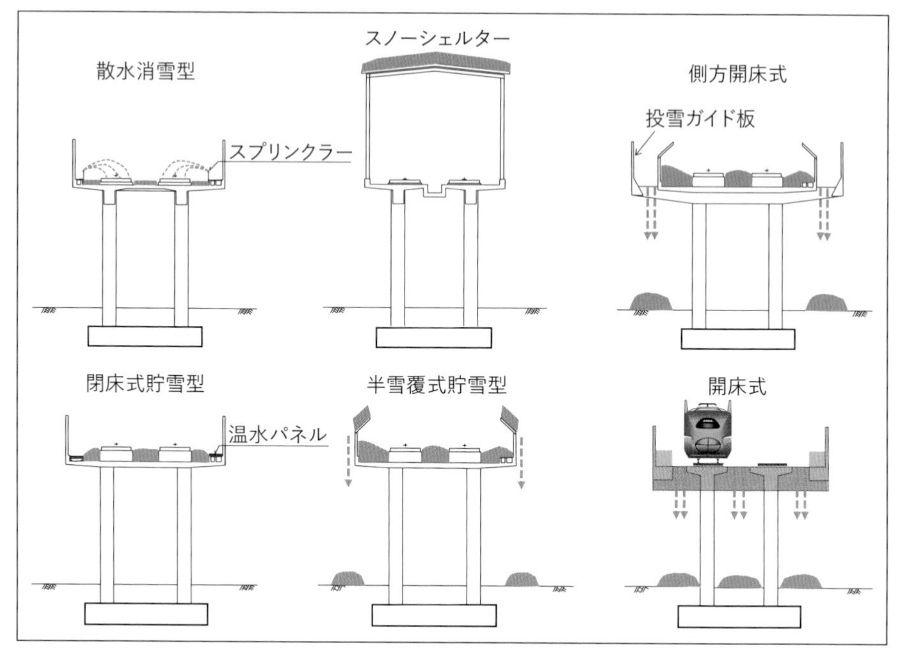

図2-22　高架橋の雪害対策の区分[16)]

不足する場合は，ダクト上に設置した融雪パネルを併用することがある．雪を落とせる区間には，高架橋内の積雪量を減らすため，防音壁の上部にひさしを設けた半雪覆型防音壁を適用している．**写真2-22**は半雪覆型防音壁区間の除雪試験の状況である．

積雪量が特に多く貯雪容量を超える区間は，半雪覆型防音壁の外側に除雪車の投雪開口を設けた側方開床貯雪型がある．この構造は，半雪覆型防音壁の外側に除雪車が投雪した雪を受け止める投雪ガイド板とこれを支持する梁がある．このように，防音壁の形状，高さ，構造は雪害対策の区分で異なっており，景観の統一感を保てない一要因となっている（**写真2-23**）．

開床式は，床版スラブをなくした開口部から降雪や列車走行時の排雪を高架下に落とす構造である．高架下は排雪した雪をためるために利用される．開口部上には安全および保守管理のためにグレーチングを敷設している（**写真2-24**）．防音壁の高さはR.L.＋2.0mであり，適用は騒音対策や高架下利用がない地区に限定される．

写真2-21 貯雪型の路盤RC

写真2-22 半雪覆型防音壁と除雪状況

写真2-23 側方開床式高架橋

写真2-24 開床部のグレーチング

(2) 高架橋の分類[18)]

閉床式高架橋は，高架下からの外観形状に応じてビームスラブ式とフラットスラブ式に区別することがある．本編では後述する路盤RCを縦梁として利用した高架橋の中でスラブ下面がフラットな形状をしている場合についてもフラットスラブ式に分類することにする．

以上の区分に基づいて整備新幹線の高架橋形式を分類すると**表2-8**となる．

表2-8 整備新幹線の高架橋の分類

高架橋形式		閉床式	開床式
ラーメン高架橋	ビームスラブ	東北新幹線，北海道新幹線，北陸新幹線，九州新幹線	北海道新幹線
	フラットスラブ	北陸新幹線	—
桁式高架橋		東北新幹線，北海道新幹線，北陸新幹線，九州新幹線	北海道新幹線

3-2　ビームスラブ式ラーメン高架橋

(1) 北陸新幹線, 長野北町高架橋(閉床式ビームスラブ)[19]

ビームスラブ式ラーメン高架橋は，温暖地の高架橋，寒冷地の散水消雪区間，軌道面に貯雪スペースを多く必要としない区間に適用される．**図2-23**は北陸新幹線，長野北町高架橋の事例である．この区間は，散水消雪区間であり，軌道スラブ下の路盤RCが高くないため，路盤RCは構造物本体の縦梁として利用していない．

北陸新幹線の長野駅，飯山駅，上越駅付近の市街地の高架橋では，柱，スラブ，縦梁，電柱支持梁などにRのついた面取りを行っている．Rの形状を**図2-24**に示す．面取りの効果としては，全体的に柔らかな印象を与えている(**写真2-25**)．

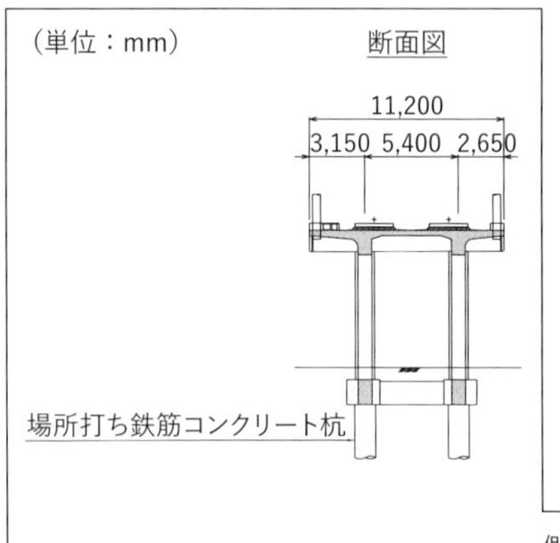

写真2-25　北陸新幹線閉床式ビームスラブ高架橋（長野北町高架橋付近）

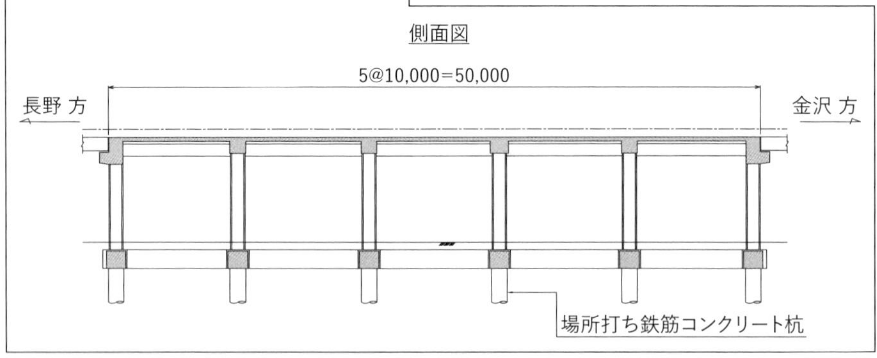

図2-23　北陸新幹線，長野北町高架橋の例

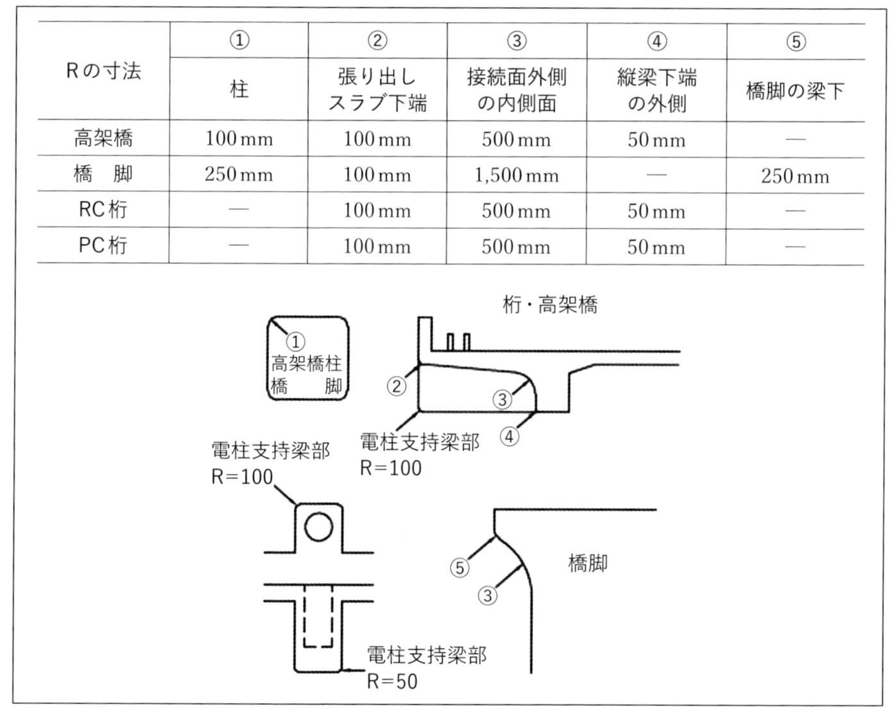

Rの寸法	①	②	③	④	⑤
	柱	張り出しスラブ下端	接続面外側の内側面	縦梁下端の外側	橋脚の梁下
高架橋	100 mm	100 mm	500 mm	50 mm	—
橋　脚	250 mm	100 mm	1,500 mm	—	250 mm
RC桁	—	100 mm	500 mm	50 mm	—
PC桁	—	100 mm	500 mm	50 mm	—

図2-24　R処理の位置と形状

(2) 北海道新幹線，後潟高架橋（開床式ビームスラブ）[20)]

開床式のラーメン高架橋は，床版スラブがないため，軌道下の路盤RCの直下に上層縦梁を配置し，防音壁・地覆・ダクトを支持する縦小梁を横梁で接合した構造としている．スラブがない分，軌道面の剛性を確保するため，縦梁と横梁の接合部には水平ハンチが付いている（**図2-25**）．**写真2-26**および**写真2-27**は，北海道新幹線（新青森～新函館北斗間）の後潟高架橋であり，整備新幹線として初めての開床式ラーメン高架橋である．高架下から見上げた外観は，上から光が射すため明るい印象をうける．

新幹線はL1地震時の走行安全性を確保するため，横方向に対する変位の制限値が厳しいことを**第3章**の冒頭で述べた．横方向の変位を抑えるためには柱間隔が広い方が有利である．整備新幹線の軌道中心間隔は4.3 mであり，開床式ラーメン高架橋は路盤RC直下の縦梁と柱の軸線間隔が温暖地の高架橋

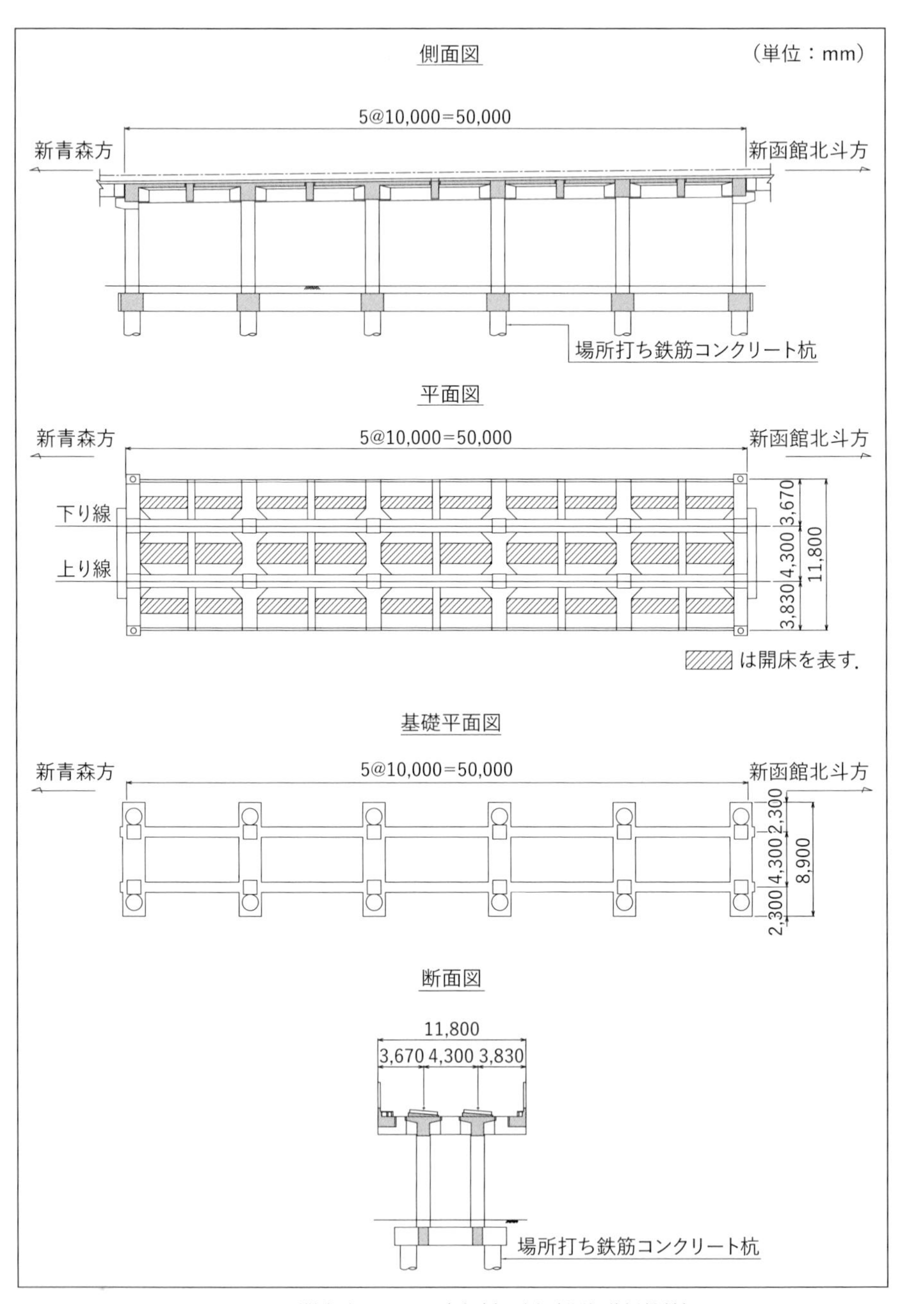

図2-25　開床式ラーメン高架橋の例（北海道新幹線）

よりも狭くなるため，高架橋の背が高い箇所や地盤が悪い箇所への適用に課題があった．一方，ラーメン高架橋の部材接合部のなかで，杭頭と縦・横地中梁・柱の接合部は，鉄筋量が特に多いために鉄筋組立てが難しい箇所であった．そこで，**写真2-28**に示すように杭頭接合部を柱と縦・横地中梁接合部の外側に配置したラーメン高架橋（以下，新構造）が開発され，開床式ラーメン高架橋に採用された．

従来構造と新構造のラーメン高架橋を同一地盤条件，同一柱サイズで比較すると**表2-9**に示すように，角折れの照査で従来構造は杭のサイズアップが必要であるが，新構造は杭径ϕ1,000で構造が成立している．振動変位についても新構造は従来構造よりも照査値が約15%低減しており，走行安全性に対する性能が向上している．杭の接合部は，地中に埋まっていて見ることはできないが，地中構造を工夫することで上部工の重層感を軽減した例といえる．

写真2-26　開床式高架橋

写真2-27　開床式高架橋を下から見上げる

写真2-28　杭頭部を縦地中梁の外側にしたラーメン高架橋の施工状況

表2-9　ラーメン高架橋の構造比較

構造形式	従来構造（杭間隔＝柱間隔）	新構造（杭間隔＞柱間隔）
概略図	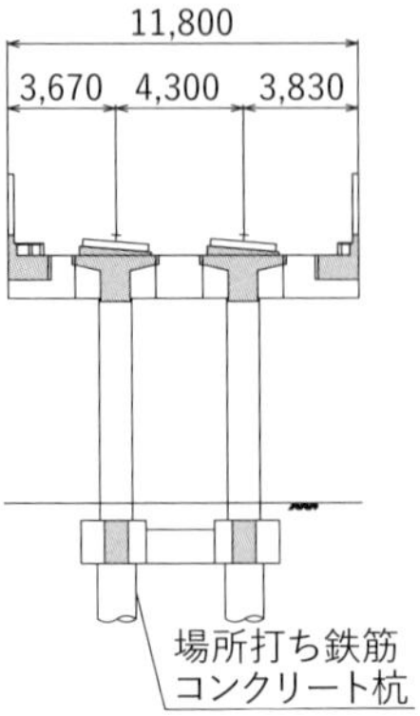 11,800 3,670　4,300　3,830 場所打ち鉄筋 コンクリート杭	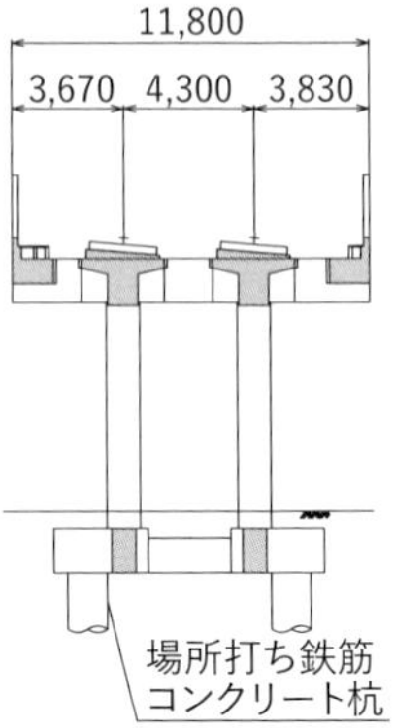 11,800 3,670　4,300　3,830 場所打ち鉄筋 コンクリート杭
杭間隔，杭径	4,300 mm，ϕ 1,500 mm	6,300 mm，ϕ 1,000 mm
等価固有周期	1.00 s	0.973 s
降伏変位	98 mm	90 mm
降伏震度	0.387	0.380
角折れ	4.38 rad／3.50 rad（1.25）	3.38 rad／3.50 rad（0.97）
振動変位	3,700 mm／4,100 mm（0.90）	3,100 mm／4,100 mm（0.76）

(3) 九州新幹線，新大村駅高架橋（背割り式ビームスラブ）

背割り式ラーメン高架橋は，ラーメン高架橋相互の接続方法に調整桁を用いずに隣り合う端部柱が基礎を共有した構造である．新幹線の背割り式ラーメン高架橋は，上越新幹線の新潟平野に事例はあるが，整備新幹線では九州新幹線（武雄温泉～長崎間）の新大村駅付近の高架橋に初めて試行的に適用している（図2-26）．この高架橋は，スパンが15 mのビームスラブ式であり，基礎は直接基礎である．外観はスパンが広く，調整桁がないため，直線的な印象を与えており，高架下がすっきりしている（写真2-29）．柱が背割りになっている箇所の柱と柱の隙間は，施工時に型枠の撤去作業を容易にするため，600 mmにしている（写真2-30）．

背割り式ラーメン高架橋のメリットは，ブロック間に走行安全性や維持管理上の弱点となりうる調整桁や支承部がないこと，ラーメン高架橋の完成後に構築する調整桁がないために施工期間が短縮できることが挙げられる．ま

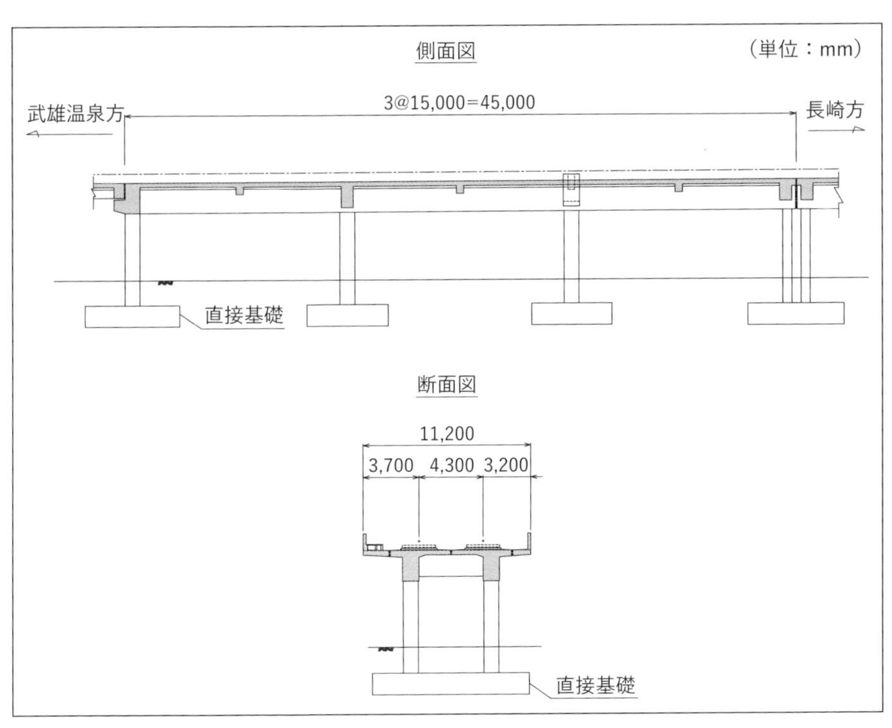

図2-26　背割り式ラーメン高架橋の例（九州新幹線）

写真2-29　背割り式高架橋

写真2-30　背割り箇所の柱

写真2-31　上越新幹線の背割り式高架橋

た，調整桁が載らない端部柱は，中間柱と高さが揃うため，柱が短くなる区間で耐震設計が不利な区間への適用にはメリットがあると考える．

新潟県中越地震を経験している上越新幹線の背割り式ラーメン高架橋（写真2-31）においても地震後の残留折れ角が他の高架橋形式よりも小さいことが報告されている[21]．

3-3　フラットスラブ式ラーメン高架橋

(1)　北陸新幹線，新高岡駅付近（閉床式貯雪型）[22),23]

北陸新幹線（長野～金沢間）では，高架橋の雪害対策として営業車両やラッセル車が軌道上のかき分けた雪を高架橋に貯雪するため，路盤RCの厚さを高くして対応している区間が多い．厚い路盤RCの死荷重は，縦梁の死荷重ほどにもなるため，路盤RCの一部を縦梁の一部として扱うことで構造物の合理化を図っている．また，スラブの施工性を改善するためにスラブの下面の凹凸をなくしたフラットな平面にしている（写真2-32）．

図2-27は，北陸新幹線（長野～金沢間）新高岡駅付近のラーメン高架橋の例である．この高架橋はゲルバー式であり，調整桁を支持する桁受け部があるため，端部柱に向かってスラブ下面にハンチを付けて端支点部に発生する曲げモーメントに対処している（写真2-33）．高架下からの外観は，スラブの端から端までが平滑になっており，縦梁の存在感がなく，高架下の空間が広い印象を与える．

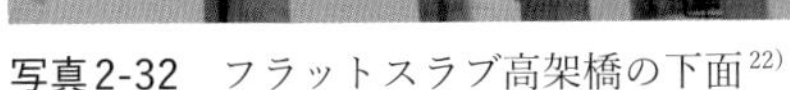

写真2-32　フラットスラブ高架橋の下面[22)]

写真2-33　フラットスラブ端部のハンチ

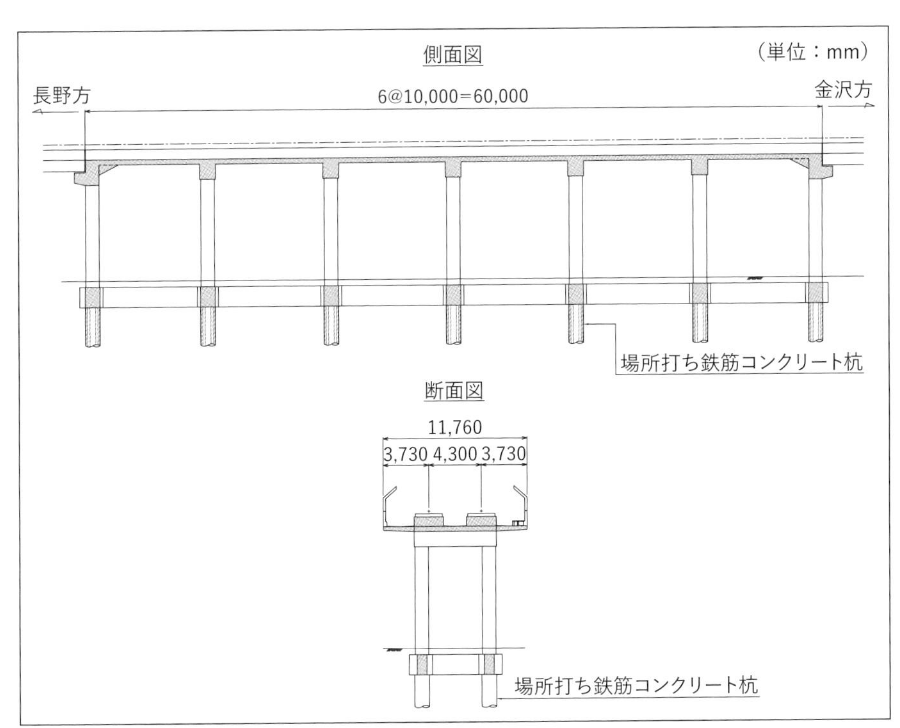

図2-27　フラットスラブ式ラーメン高架橋の例（北陸新幹線）

(2) 北海道新幹線, 鶴岡高架橋（閉床式貯雪型）

北海道新幹線では雪害対策上，開床式高架橋を採用している区間と閉床式高架橋を採用している区間の2種類がある．図2-28に示す閉床式高架橋は，新幹線の走行に伴う騒音対策の観点で開床式高架橋にできない地区に適用し

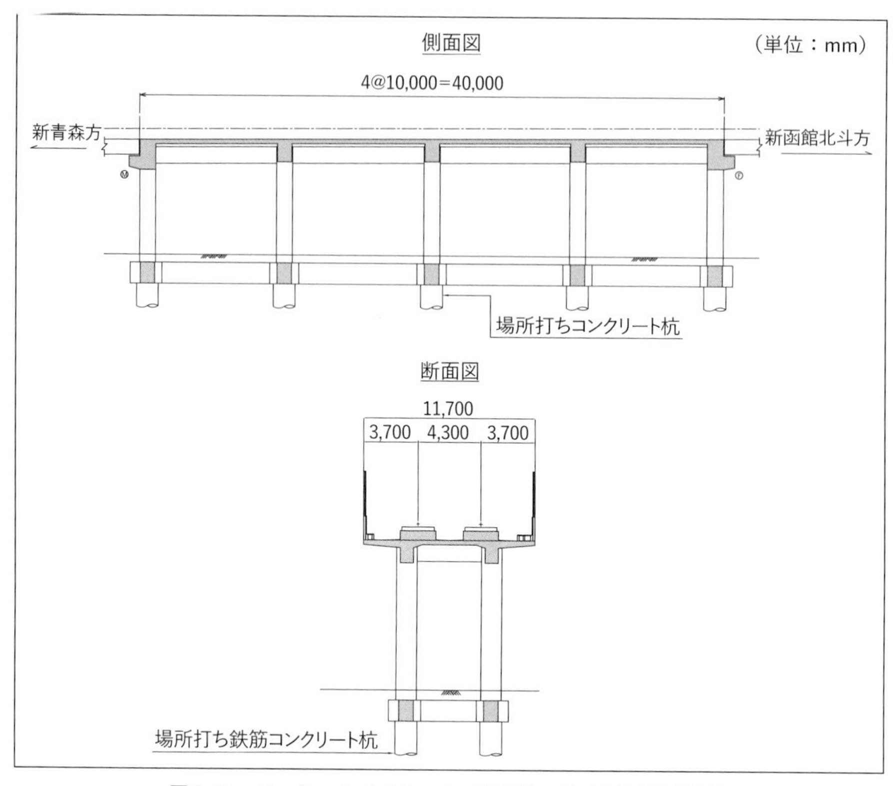

図2-28　ビームスラブ式ラーメン高架橋の例（北海道新幹線）

ている．また，騒音対策を行う区間は高速化に伴い，防音壁は従来のR.L.＋3.5ｍから最大でR.L.＋4.5ｍまで高くなっている．

北海道新幹線が通る区間の積雪深は，北陸新幹線よりも大きいことから，路盤RCの厚さは北陸新幹線よりも高い．積雪深が特に大きい北海道新幹線は，片持ちスラブに作用する雪荷重も大きいため，張出し長が長いとスラブの設計が困難となる．また，これまで以上に重量の重い防音壁を片持ちスラブの先端に設置するため，片持ちスラブの設計に加えて防音壁基部の設計条件も厳しくなっている．特に防音壁本体，片持ちスラブ，防音壁基部（地覆）が強固でないと列車通過時に防音壁本体と片持ちスラブが共振して鋼材が疲労破壊するなどの懸念が生じる．また，地震時についても防音壁が高架橋の揺れに対して著しい共振が生じないように片持ちスラブと防音壁の固有周期を短くする必要がある.

これらの問題点を回避するために，上層縦梁の位置を北陸新幹線よりも外側に配置して片持ちスラブの張出し長をできるだけ短くする方策をとっている．これに伴い，縦梁と縦梁の軸線間隔が広くなり，路盤RCの直下に縦梁を配置することができる北陸新幹線で行った路盤RCを上層縦梁の一部とする設計にはしていない．また，縦梁間の中間スラブを充実にして全体をフラットにすると死荷重が増加するため，北海道新幹線ではフラットスラブ式にはせず，ビームスラブ式にしている.

(3) 北陸新幹線, 長野赤沼高架橋（低床パイルベント式）[16]

北陸新幹線の長野駅の北にある長野赤沼高架橋には，跨線橋の下を通過する箇所があるため，低床パイルベント式ラーメン高架橋の区間がある（**写真2-34**）．この構造は地中梁がなく，場所打ち杭の杭頭が上部工を支持する横梁に接続した構造である．場所打ち杭の位置が柱の位置に直結するため，杭の施工精度に留意が必要な構造である（**図2-29**）.

写真2-34 低床パイルベント式ラーメン高架橋[17]

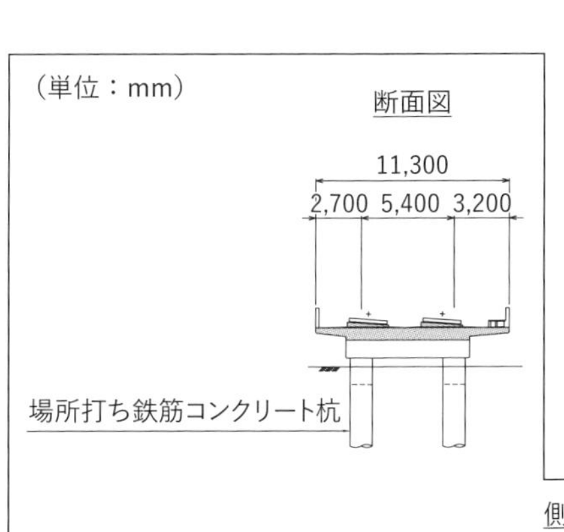

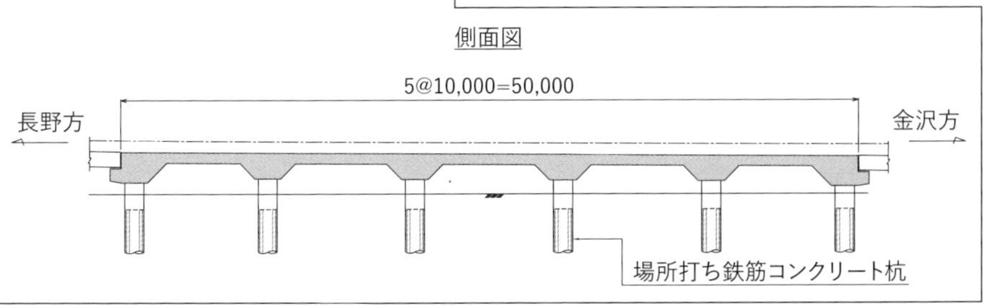

図2-29 低床パイルベント式ラーメン高架橋の例（北陸新幹線）

パイルベント構造は地中梁がないため，一般的な高さの高架橋に適用すると地震時に軌道面での変位が大きくなる．この地区は高架橋が低いため，パイルベント構造を採用しても変位が小さいこと，地中梁がないため施工性が良いこと，地下道，水路，埋設管との交差が容易であることなどの利点から，低床パイルベント高架橋を適用している．

3-4　北陸新幹線，今村新田地区高架橋（桁式高架橋）[22)]

(1) 構 造 計 画

新潟県糸魚川市にある北陸新幹線今村新田地区の高架橋（糸魚川～黒部宇奈月温泉駅間）は，延長1,588 mの4径間連続PC箱桁（5連）と5径間連続PC箱桁（5連）が続く45径間の桁式高架橋である（**写真2-35**）．

新幹線の高架橋で32～37 mの径間割りは，標準設計の単純PC桁を適用するのが一般である．この地区の高架橋は市街地に計画され，沿線住民との協議や交差条件により，周辺環境と調和がとれるように上部工・下部工に対して景観に配慮した連続PC桁による桁式高架橋となった．

高架橋は海岸線の近くにあり，日本海に面した厳しい塩害環境条件に位置するため，上部工はPPC構造ではなくPC構造である．鋼材のかぶりは通常

写真2-35　桁式高架橋の例（北陸新幹線）

のPC桁より20mm厚い70mmであり，地覆コンクリートなど鉄筋被りが確保できない薄い部材については，部分的にエポキシ樹脂塗装鉄筋を適用し，耐久性を確保している．

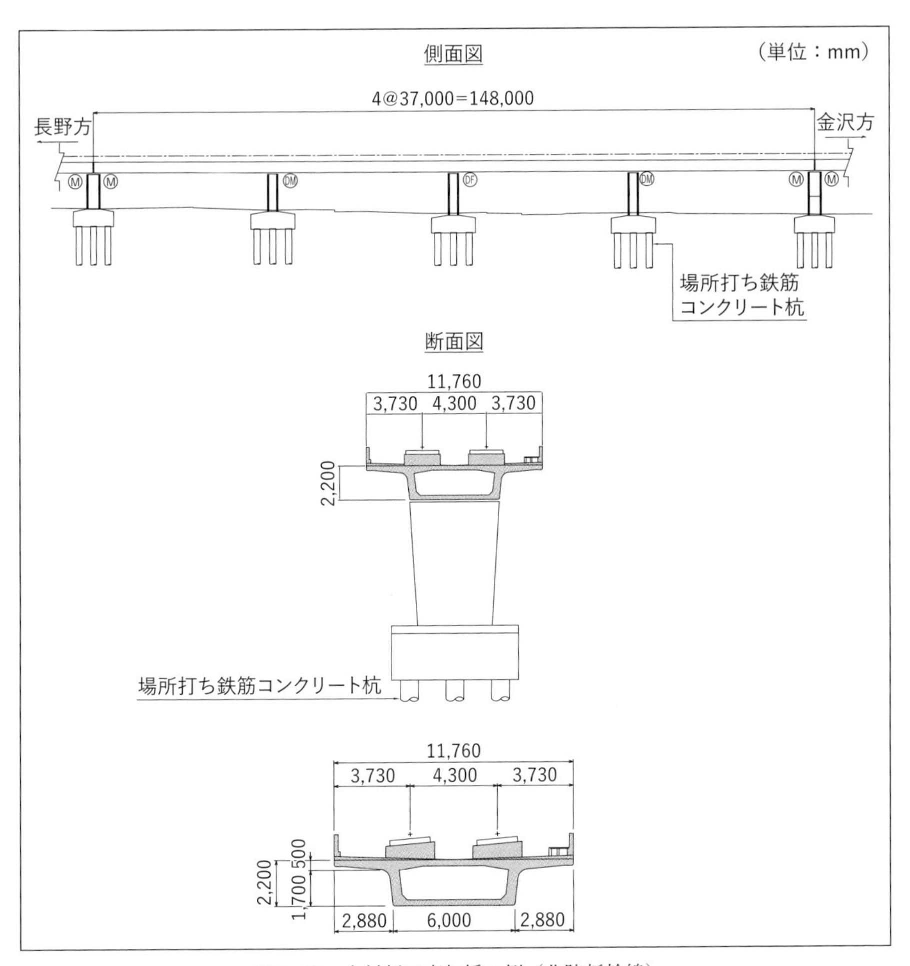

図2-30　今村新田高架橋の例（北陸新幹線）

写真2-36　橋脚の排水管配置

写真2-37　電柱支持梁の形状

(2) デザイン

PC桁の形状は，桁高を統一した多径間連続桁として直線性を強調し，斜めウェブの採用と桁側面に面取りを施すことで柔らかな印象を与えている．連続構造とした理由は，国道8号との交差部の建築限界高5.5mを確保するために桁高を2.2mに絞ったため，桁高スパン比は1/17程度となり，通常の単純桁の1/15程度よりも小さいためである．

橋脚形状は，桁受け部の梁をなくして壁の傾きを一定にした逆台形であり，隅角部にもR＝300mmの面取りがあるため柔らかい印象を与えている（**写真2-36**）．排水管は，橋脚中央部に設けた凹状の切欠き部に角型排水管を通すことで煩雑さがなく高架下の景観にも良好である．

電柱支持梁は，断面を逆台形にして圧迫感が少ない形状にしている（**写真2-37**）．防音壁は，連続桁としたことで，構造物目地の箇所が少なく，鋼製防音壁の設置箇所も減るため，防音壁の種類の変化も少なく，煩雑さを感じさせない．

4. プレキャスト工法

高架橋の急速施工や営業線近接工事では，従来からプレキャスト工法も採用されてきた．近年は，技能労働者の減少への対応や，生産性の向上と工事の安全確保がこれまで以上に求められており，鉄道構造物のプレキャスト化は，今後も開発が進む分野である．一方，プレキャスト工法の適用については，適用する区間の延長が長くないと経済性の面で不利になることが多い．構造計画の段階で可能な限り，スパン割の統一や構造形式の統一を図ることが要点である．

鉄道構造物にプレキャスト製品を適用した場合，部材形状の統一がとれるため，完成した高架橋の外観は，整然とした造形美を呈していることが多い．プレキャスト工法は桁式高架橋，ラーメン高架橋のいずれにも事例が増えている．桁式高架橋には，PC桁のプレキャスト工法が適用される．

(1) PC桁のプレキャスト工法

PC桁のプレキャスト工法は，現地で主桁を製作するサイトプレキャスト，工場で主桁を製作する工場プレキャスト，主桁を分割したセグメントを工場や現地の近くで製作して現地で緊張して一体化するプレキャストセグメントの3種類に区分される．

PCI形桁やPCT形桁は，現地や工場で製作した主桁をクレーンやガーダーで架設したあと，桁間の間詰め部，横桁を現場打ちコンクリートで施工する桁である．東海道新幹線の単純桁には，支保工架設が可能なところは，PC箱桁またはPCT形桁が採用された．支保工架設ができない場合や工程短縮が必要なところでは標準設計のPCI形桁が用いられ，クレーンなどで架設された．山陽新幹線のPCI形桁の架設には，クレーンに加えてエレクションガーダーが使用された．工程短縮が必要なところでは，プレキャストセグメント桁が用いられた[24]．

プレキャストセグメント桁については，主桁を奇数個のセグメントに分割して製作し，現地で緊張して架設するのが一般的である．奇数個に分割するのは，セグメント接合部の位置がスパン中央にならないようにするためである．セグメント接合部については，鉄道構造物等設計標準[2]において，永久作用時の縁引張応力度が1.0 N/mm^{2}以上の圧縮応力を確保する必要がある．このため，セグメント工法を適用するPC桁は，ひび割れを許容しないフルプレストレス構造になるのが一般的である．

フルプレストレス構造のPC桁は，ひび割れを許容するPRC（PPC）構造よりもプレストレス力が大きいため，主桁が上そりになりやすい．直結軌道やスラブ軌道を適用するPC桁にフルプレストレスを採用する場合は，桁の長期変形に対して上そりの発生を抑える方策を十分に行う必要がある．これは，直結軌道やスラブ軌道はバラスト軌道と異なり，軌道整備の調整代が少ないためである．また，PC構造よりもPC鋼材量が少ないPRC（PPC）構造の方が経済的である．

PRC（PPC）桁の開発については，1970年代から各種実験的検証が行われ，新幹線では東北新幹線上野～大宮間の田端中部線路橋に適用されて以降，各線区で多数建設されている[24)]．整備新幹線の標準設計PCT形桁の桁長は25～45 mである．

工場製作したセグメント桁を現地で緊張して架設するプレキャストセグメントPCT形桁についても新幹線，在来線を問わず，その数は増えている．PC箱桁については，工場あるいは架設地点近くで分割製作したセグメントを現場に搬入し，エレクションガーダーやエレクションノーズを設置して架設する．山陽新幹線加古川橋梁〔1971（昭和46）年〕は，鉄道橋で初めて箱形のセグメント桁を適用した事例である[25)]．

PCU形桁については，工場製作したプレテンションU形桁を現地に搬入し，クレーンやガーダーで架設したあと，床版コンクリートを打ち込んで主桁と合成する桁である．道路ではUコンポ橋とよばれている．鉄道では2000年頃に初めて，つくばエクスプレス線で採用された[13)]．PCU形桁は，運搬するプレテンション桁の重量と桁長に制約を受けるため，桁長は20 mが限度とされてきた．近年はセグメントに分割を行ってポストテンション工法を適用することでスパンの拡大を図る取組みが行われている．

(2) ラーメン高架橋のプレキャスト工法

ラーメン高架橋のプレキャスト工法は，**図2-31**に示すように部材断面の一部に工場製作した埋設型枠を適用し，現地で型枠内にコンクリートを打ち込

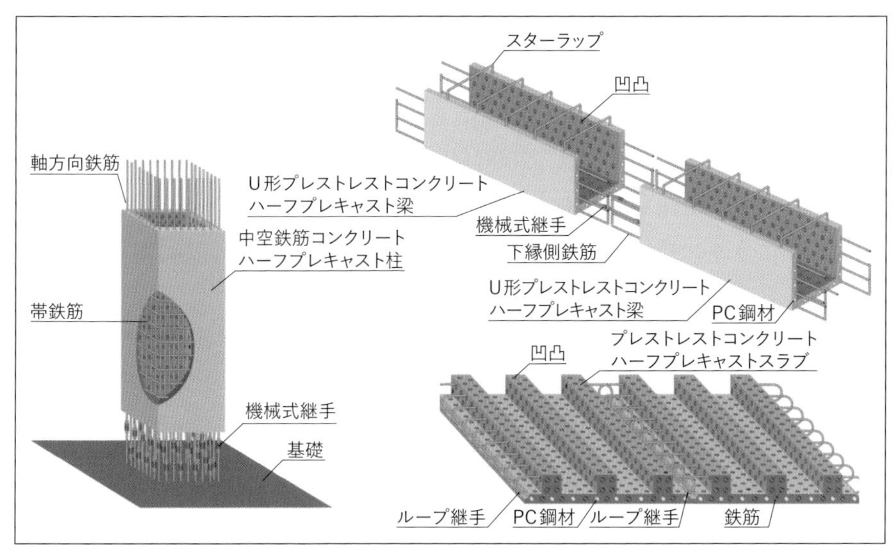

図2-31　ハーフプレキャスト工法の例[26),27)]

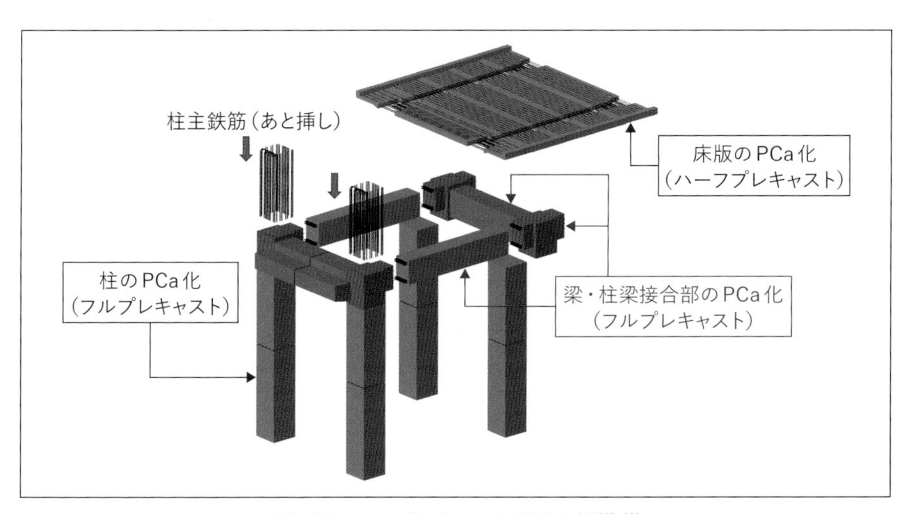

図2-32　フルプレキャスト工法の例[28),29)]

むハーフプレキャスト工法[26),27)]，**図2-32**に示すように部材全体が工場製作されたプレキャスト部材を現地に搬入し，クレーンで部材を組み立てて構築するフルプレキャスト工法の2つに大別される．フルプレキャスト工法のラーメン高架橋も実際は，部材ごとに例えば床版についてはハーフプレキャスト工法を適用し，柱と縦梁・横梁についてはフルプレキャスト工法を適用するなど，施工環境や施工性，経済性を設計段階で検討を行ったうえで採用している．

ハーフプレキャスト工法は，2000年頃から都市部の在来線工事に適用されるようになり，現在も開発および施工が進められている．ハーフプレキャスト工法はラーメン高架橋の柱や梁，床版に適用されるほか，橋脚の躯体にも適用されている．

フルプレキャスト工法は，近年特に開発が進められている分野である．矩形断面の柱，ハンチがない縦梁と横梁は，フルプレキャスト部材として適用しやすい形状である．床版については，ハーフプレキャスト床版を取り付けた上面にコンクリートを打ち込むことで梁と床版が一体化される方法がとられている．北陸新幹線の福井開発高架橋〔2021（令和3）年〕は，柱に加えて上層縦梁や上層横梁に新幹線のラーメン高架橋として初めてフルプレキャスト工法を採用した事例である．

4-1　つくばエクスプレス線の桁式高架橋[13)]

(1) 高架橋の概要

第1編で述べたつくばエクスプレス線の高架橋区間のうち約9.2kmにおいては，日本の鉄道構造物として初めてPCU形桁を適用している．桁長は18～20m，桁高は1.25mの複線4主桁である（**図2-33**）．このPCU形桁は工場

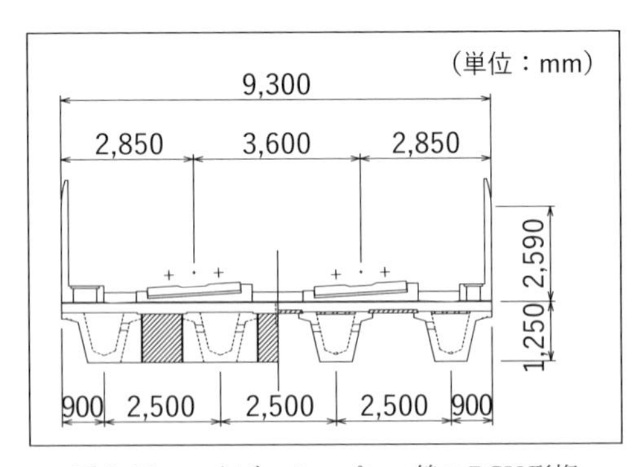

図2-33　つくばエクスプレス線のPCU形桁

写真2-38　成田スカイアクセス線のPCU形桁

写真2-39　北陸新幹線のPCU形桁

製作されたU形断面のプレテンション桁を架設した後，その上にPC版埋設型枠を並べて，その上に床版コンクリートを打ち込むことで主桁と床版が合成される構造である.

(2) デザイン

つくばエクスプレス線のPCU形桁のデザインは，①外桁を高架橋の端部に配置したことで床版に片持ち部がないこと，②中間横桁がなく桁側面には突起物がほとんどなくフラットであることが主な特徴である．場所打ち床版は床版下面にPC版埋設型枠を敷設した上面で施工するため，足場を必要とせず，現場作業の簡素化が図られている.

主桁断面を極力薄くすることにより上部工の軽量化を図ったことで橋脚についてもスリムである．同一形式で連続性を確保した場合は，**写真1-15**のように統一性が確保されるため，景観的にも好ましい.

(3) その他のPCU形桁

つくばエクスプレス線のPCU形桁は，地盤条件が良好ではなく，比較的高さの高い区間に対して採用している．そのほかの鉄道橋に適用されたPCU形桁は，**写真2-38**の成田スカイアクセス線〔2010（平成22）年〕，遠州鉄道〔2011（平成23）年〕，**写真2-39**の北陸新幹線稲荷千歳町高架橋[30]〔2015（平成27）年〕がある．北陸新幹線稲荷千歳町高架橋は，在来線よりも桁幅が広く剛性を確保するために5主桁としている（**図2-34**）.

(4) 今後の発展

北海道新幹線（新函館北斗～札幌間）では，冬季の生産性向上と作業環境の向上という両観点からPCU形桁の適用支間長を拡大するため，ポストテンション方式のU形セグメント桁を25～35 mの標準設計PC桁に初めて採用した．このPCU形桁は4主桁であり，工場製造過程の生産性を向上させるために，U形桁の下幅ならびにウェブの傾斜角を桁長によらずに統一し，さらに内型枠の底部の形状も統一している（図2-35）．

PCU形桁は，主桁の架設後に桁下での床版型枠の設置・撤去作業がないだけでなく，PCT形桁と違って張出しスラブがほとんどないため，外桁が防音壁を直接支持に近い状態で支持することができる．さらに，設計速度を上げても従来のPCT形桁より桁高を低くすることができる．その理由は，U形断面の方がT形断面よりも下フランジの幅と厚さが確保できるため，桁高がT形断面より低くても剛性確保に必要な断面二次モーメントが得られるためである．こうしたことから，PCU形桁は新幹線構造物にとって施工性および構

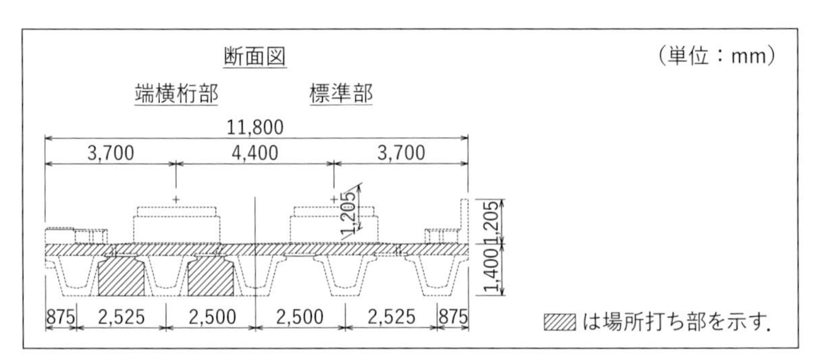

図2-34　北陸新幹線，稲荷千歳高架橋のPCU形桁（L＝20 m）

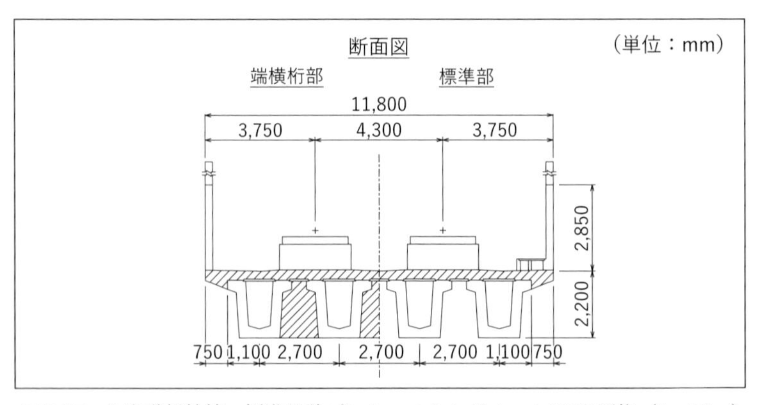

図2-35　北海道新幹線，標準設計プレキャストセグメントPCU形桁（L＝35 m）

造特性の点でも優れており，今後のPC桁のスタンダードになることが期待される．

4-2　プレキャストラーメン高架橋

鉄道構造物の建設現場では，鉄筋組立てなど熟練作業員の確保が困難になるなか，建設現場の生産性向上，作業環境の改善が喫緊の課題になっている．プレキャスト工法の採用は，これらに対して有力な方策である．しかし，場所打ち施工を前提に設計を行ったラーメン高架橋を後から現地でプレキャスト化してもメリットは生じにくいため，計画段階からプレキャスト化を前提とした構造計画と構造設計を実施することが重要である．

構造計画や構造設計では，ブロック重量や部材寸法に適したトレーラー，クレーン，適用する工法に即した専用機械など，資機材の台数とその確保に対する確実性，部材の製作工場から建設現場までの運搬経路と道路事情を調査したうえで現地に適した工法，ブロック割りを決定する．

ラーメン高架橋のプレキャスト工法には，主にハーフプレキャスト工法，フルプレキャスト工法が採用されており，以下に各工法の概要について説明する．

(1) ハーフプレキャスト工法

ハーフプレキャスト工法は，短繊維が混入したモルタルまたはコンクリート製の外型枠を工場で製作し，これを現地に搬入して組み立てた後，型枠内にコンクリートを打ち込んで高架橋を構築する工法である[27)]．プレキャスト型枠工法と呼ばれることもある．部材接合部などは，現場打ちコンクリートである．

床版については，工場製作したスラブの下型枠（**写真2-40**）を縦梁および横梁の上に設置し，縦梁および横梁の型枠内ならびにスラブ下型枠の上にコンクリートを打ち込んで一体化するハーフプレキャスト床版としている．在来線の事例では，防音壁の地覆と張出し床版を一体で工場製作する方法も適用されている[28)]．

(2) フルプレキャスト工法

プレキャスト部材の全断面が工場製作であるフルプレキャスト工法は，工場製作した柱，上層梁，格点部，床版などのプレキャスト部材を現地に搬入し，クレーンで組み立てて構築する工法である．杭や地中梁，床版の一部，路盤RC，地覆・ダクトについては現場でコンクリートを打ち込む．プレキャスト部材どうしの接合には，機械式継手を使用する．床版については前述のハーフプレキャスト床版が床版の埋設型枠となり，**写真2-41**に示すようにフルプレキャスト縦梁の上面から突出した鉄筋とハーフプレキャスト床版の上

写真2-40　ハーフプレキャスト床版

写真2-41　ハーフプレキャスト床版上から突出した鉄筋

写真2-42　構築中のフルプレキャストラーメン高架橋

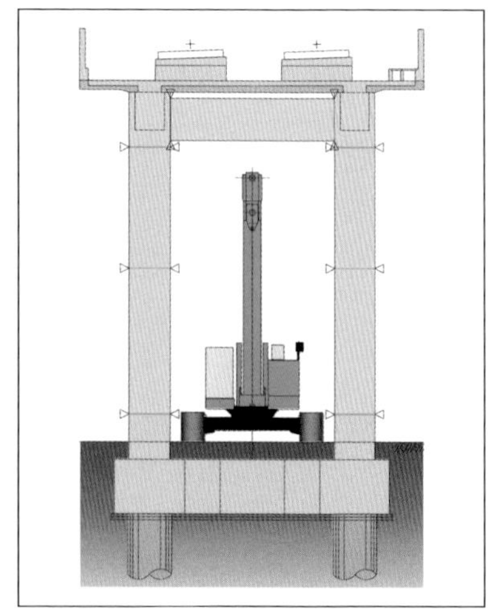

図2-36　高架下の建設重機の配置検討[31)]

面から突出した鉄筋が後打ち床版コンクリート内に定着されることで床版と梁が一体となる構造である．

写真2-42は，新幹線のラーメン高架橋で初めてフルプレキャスト工法を適用した北陸新幹線（金沢～敦賀間）の福井開発高架橋である．この高架橋は，左右を北陸本線とえちぜん鉄道に挟まれた狭隘地にある．このような施工条件においてフルプレキャスト部材を上層縦梁および横梁に適用するためには，横方向の柱間隔を広げて施工中の高架下を**図2-36**に示すように建設重機が通行かつ配置可能としたうえでプレキャスト部材を構築する必要がある[31)]．こうした理由により，この高架橋では横方向の柱間隔が長く，上層横梁の支点間隔も長くなっている．

5. 技術開発の最前線

ここまで「現代の鉄道高架橋」の到達点について述べてきた．ただし，これらはゴールではない．いわば「発展途上にある技術」であり，残された「技術的・デザイン的に頭の痛い課題」を解決するためのたゆまぬ努力が現在も続けられている．本編の最後にあたり，4つのテーマ；《新しい構造形態の模索》《騒音対策》《生産性の向上》《耐久性の向上》について，問題の本質と現段階で成し得る解決策（あるいは解決の方向性）を記述しておく．

なお，この章も構造計画・施工計画に関わる純エンジニアリング的な話題と思われるかもしれない．読者は「デザインの本なのに，デザイン論がなかなか語られない」という感想をお持ちだろう．しかし，われわれが標榜しているのは「構造デザイン」，すなわち「構造を造形の出発点とし，構造の形そのものに美的表現力を持たせようという立場に立脚したデザイン」[32)]なのであり，その本質は技術開発にほかならない．よりスレンダーにして開放感を向上させよう，防音壁をもっと低くしよう，難しい造形を楽に実現しよう，長く美観を保持させようという希求は，エンジニアリング的な解決策を発想し証明してこそ実現するのである．

構造デザインという行為は技術開発活動そのものである．エンジニアもデザイナーも，このことを踏まえて先輩技術者の到達点を学び，自らの力で新たなアイデアを盛り込み，あるいは発想の転換を図って，技術革新を達成していただきたい．この章にはそのための情報を整理する．

5-1　新しい構造形態の模索

第1編と**第2編**を通して，わが国独自の鉄道高架橋のルーツが阿部美樹志の仕事にあり，約100年間の技術的蓄積を経て「ビームスラブ式RCラーメン高架橋」が現代の主流となっていることを示した．特別な立地条件下で採用される桁式高架橋を別にすれば，その発展の経緯は**前掲図2-1**に略記したとおりである．しかし，ここに至るまでに，より優れた性能を目指して多数の構造形態が考案されてきた．それら「傍流」の新構造の大半はすでに紹介ずみだが，その系譜を目的別に（誤解をおそれず大胆に）整理すると表2-10のようになる．

このうちA類（ビームスラブ式RCラーメンのマイナーチェンジ）とC類（デザイン的な観点によりビームスラブ式RCラーメンからの脱却を図るもの）に分類した個々の構造は，それぞれの事情（参照写真を掲載したページで説明ずみ）で成立したものである．これらは経済性や施工性などの諸課題がケースバイケースで発生するものの，立地条件や社会的要請によって創意工夫がなされ，今後も増えていくだろう．特にC類の発展に期待したいところである．

表2-10　東海道新幹線以降に実現した主な新形式高架橋の系譜

類	構造の種別	代表的な高架橋	開業	特　徴
A	ビームスラブ式RCラーメンの改良（マイナーチェンジ）			
	ベタスラブ式ラーメン 写真1-8（異径間ラーメン）	東海道新幹線 武蔵小杉駅付近 ほか	1964	架道部のスパンを17.5mまで延ばすため側径間重量を増加
	SRCビーム式CFT柱ラーメン 写真2-1	田沢湖線 天昌寺高架橋	1997	狭隘部での急速施工とデザインの向上を目的として開発
	アーチスラブ式ラーメン 写真1-16	つくばエクスプレス線 第3平井高架橋 ほか	2005	2本の梁を変断面のスラブにして施工性とデザインを向上
	フラットスラブ式ラーメン 写真2-32	北陸新幹線 新高岡駅付近高架橋 ほか	2015	軌道上の降雪を貯留するためにRC路盤を厚くした構造
B	経済的な観点により従来と異なる新構造の開発を意図したもの			
	壁式連続ラーメン 写真1-9（目黒川地区） 図2-37（日向町地区）	東海道新幹線 鴨宮試験線高架橋	1962	五味信が提唱した新構造を試験線（後に本線）で先行実施
		東海道新幹線 目黒川地区高架橋 ほか	1964	目黒川地区，向日町地区などで建設，水平力分担構造を併設
	壁柱式連続ラーメン 図2-37（黒石高架橋）	篠栗（ささぐり）線 黒石高架橋 ほか	1968	地盤が良好で起終点の橋台に水平力を分担させる壁式ラーメン
		津軽海峡線 重内高架橋	1985	トンネル坑口に水平力を分担させる壁式ラーメン
C	デザイン的な観点によりビームスラブ式RCラーメンからの脱却を図ろうというもの			
	PRC箱桁ラーメン 写真1-11, 1-28, 1-31	中央線 東京駅付近高架橋	1995	大スパン化と中層梁の撤去により都市側に解放された高架
	RCホロースラブ桁 写真1-12	山陰線 二条駅付近高架橋	1996	京都の歴史的景観に配慮して構造計画・景観計画を実施
	RCホロースラブ式ラーメン 写真1-13, 写真2-4～2-8	土讃線 高知駅付近高架橋	2008	近接する住宅地との関係性に配慮して形態と空間を構成
	RCスラブ式CFT柱ラーメン 写真1-19, 1-20	仙台地下鉄東西線 西公園高架橋	2014	短スパン化し公園内の高架下利用を促進する空間を構成

しかし，B類（経済的な観点により従来と異なる新構造の開発を意図したもの）には注意が必要である．現行規準では耐震設計上成立が難しくなったのだ．それを少し詳しく説明しよう．

(1) 壁式連続ラーメンへの期待

壁式連続ラーメンは，建築分野で発展している壁式構造が安価に構築できるという発想で高架橋への応用が検討されたものである（図2-37）[33),34)]．これは壁構造と連続桁を組み合わせた構造で，線路方向に対する剛性の大きい箱型橋台を1ブロックの中央か端部に配置し，これに線路方向の全水平力を分担させるものである．それ以外の壁は鉛直力と線路直角方向の水平力のみを分担すればよく，壁の厚さを30cm程度にでき，連続桁の温度変化を拘束しないので1ブロックの延長を100m程度まで伸ばすことができる．梁のハンチを省いたのは外観に配慮して直線の美を強調するためである．東海道新幹線の鴨宮試験線（小田原，後に本線）で試用され，本線の目黒川地区（東京），日向町地区（京都）などに用いられた．

壁柱式連続ラーメンは，基礎地盤の良好な立地で起終点の橋台やトンネル坑口に水平力を分担させ，全てを壁柱にする高架橋である（図2-38）[34)]．篠栗

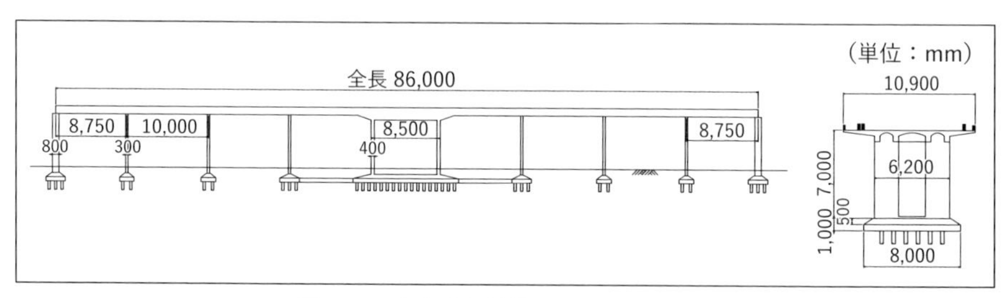

図2-37　東海道新幹線第二日向町高架橋

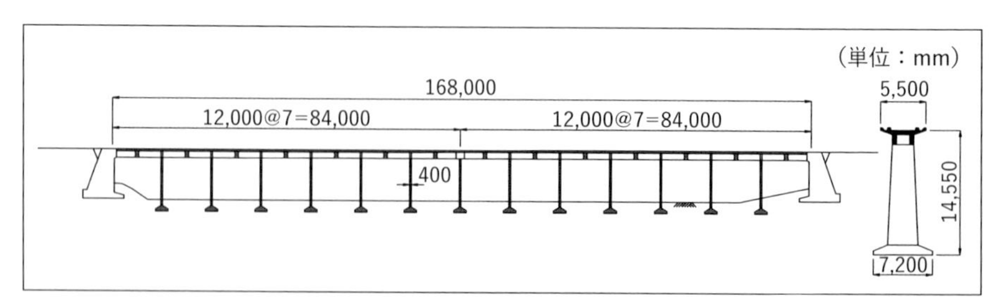

図2-38　篠栗線黒石高架橋

線〔福岡県，1968（昭和43）年〕では標準支間を12〜13mに延ばし，幅40cmの壁柱を用いた多径間連続ラーメンが多数建設された．国道に近接していることから美観を重視したもので，しかも大変経済的であったという．また，この構造は津軽海峡線でも採用され，重内高架橋〔北海道，1985（昭和60）年〕ではトンネル坑口に水平力を分担させている．

このように，壁式・壁柱式連続ラーメンは，ビームスラブ式ラーメンほどの汎用性はないものの，立地条件によっては経済的にも競争力を発揮する得難い構造だったのである．しかも当時のビームスラブ式ラーメンの標準支間を2倍内外に増やし，デザイン的にも優れていた．

しかるに，わが国では1995（平成7）年の兵庫県南部地震以降に耐震設計における設計地震動の見直しが行われ，1999（平成11）年の耐震標準ではL2地震動（構造物の設計耐用期間内に発生する確率は低いが非常に強い地震動）の最大値が2,000gal（弾性応答加速度）となった．さらに2012（平成24）年の耐震標準ではL2地震動の定義が「建設地点で考えられる最大級地震動」に変更になり，最大値が2,600galにアップした．高架橋にはL2地震応答時にしなやかに変形して地震力によるエネルギーを吸収し，安全を確保するという性能が求められた．変位を拘束する壁や箱型橋台には水平力が集中してしまい，現行の耐震設計規準下ではリーズナブルな構造計画が成立しなくなったのである．

とはいえ，構造デザイン的に優れたこれらの構造形式をあきらめたくはない．提唱者の五味信は，当初高架橋下の活用とセットで設計することを構想していたようだが，確かに壁式構造は店舗が入居する造り付け（Built-in）のブースを提供しやすい（例えば図2-39）．建築様式の建造物の上を鉄道が走行するという一体型高架橋がいつの日か実現することを夢想して，壁式高架

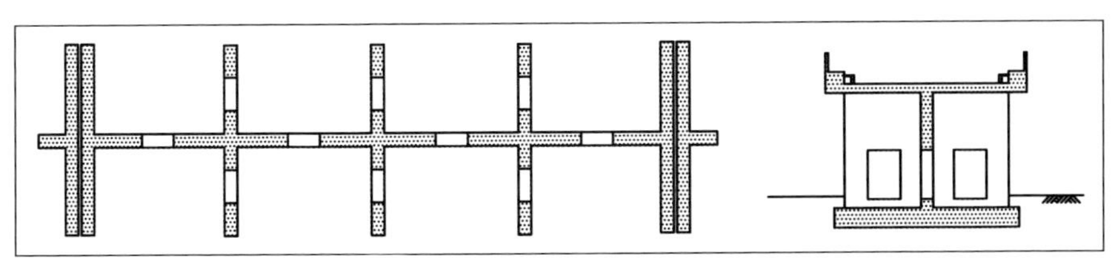

図2-39　ビルトインスタイルの壁式高架橋のイメージ

橋を記憶に留めておきたい．

(2) ドイツ鉄道の取組み[35)]

わが国で標準高架橋からの脱却を図ろうという考え方が傍らに存在するのと同じように，ドイツでも画一的な（高速新線の）標準高架橋を見直す取組みがあった．支間44m，桁高3.6mのPC箱桁が中空橋脚に支えられたずっしりとした姿がデザイン的に不十分という反省からである．迅速で簡単に架け替えを可能とすることに必要以上に高い優先順位を与えていたとして方針を見直し，新しい「橋梁のコンセプチュアルデザイン」を議論して実践したのである．ドイツ鉄道はその一連の活動成果を『Leitfaden Gestalten von Eisenbahnbrücken』にまとめて2008（平成20）年に出版した．その邦訳が文献37）である．

そこには「人と自然の利益のために『Baucultur』の称号（人工物が創る文化の意）に値する橋梁をつくりたい」という理念が掲げられ，数多くの既存橋梁の代替コンセプトが丁寧に語られている．もちろん荷重も地震力も異なる日本では個々の構造案や実作を真似ることは意味のないことだが，それらを発想するドイツのエンジニアの設計哲学をうかがうことができるのだ．

この本では「不必要に大きな支間長を取らないように注意せよ」と説く．また，ライフサイクルを重視してインテグラル構造（支承や伸縮装置のない上下部一体構造）を推奨し，多種多様な構造形態を生み出すために複合橋を推奨する．橋台周りの収まり，鋼板で補剛した下路式RCスラブ構造や橋脚に鋼管を使った実例を図や写真で示し，形態や空間がどのように豊かになるかを伝えている（写真2-43，写真2-44）．

これらの多くは主たる執筆者であるヨルク・シュライヒが長年主張し，実践してきた内容だが，表2-8のB類やC類に示した高架橋にも同様の設計思想のものがあり，大変興味深い．変位拘束機能（水平力を分担する機能）を分離する構造は前述のようにわが国の耐震標準下では難しいと思われるが，鋼管を用いた複合構造は，軽量化や靭性の向上に加え，立体造形の展開に大きな可能性を持っている．大いに参考にしたい．

(3) 下路式高架橋への期待

「どうせ防音壁が必要なら，RC下路桁を高架橋にしてはどうか」という発

写真2-43 ベルリンのフンボルト湾鉄道橋. PC床版と鋼管アーチとの複合橋

写真2-44 ウンシュトルト高架橋. アーチ部は制動荷重とロングレール縦荷重を分担

写真2-45 ドバイメトロの標準高架橋. PC下路桁をスパンバイスパン工法で架設した. 第三軌条方式であるため電柱はない. 連続桁区間もある（提供：大林組）

想が生まれるのは当然である. PRC下路桁あるいは中路桁でもよい. レールレベルを下げられるかもしれないし, 桁下はフラットになるから明るいイメージになり, 利用もしやすいだろう. ウェブが防音壁を兼用し, 高さ不足なら別材料の防音壁を継ぎ足すことで側面景にも変化が付けられる（**写真2-45**）[36].

高架橋は都市のイメージを一変させる力を持っており, 海外では構造デザインが慎重に検討されている. わが国でも, 下路桁を検討メニューに加えてよいのではないかと思う.

なお, ドバイメトロについては, **本編5-3 生産性向上**の項を参照されたい.

5-2 騒音対策[37)]

列車が走行すると様々な音が生じ，高速で走行するほどそれは大きくなる．新幹線の騒音に対する国内の環境基準は非常に厳しく，現在の新幹線の最高速度は車両の性能ではなく騒音により制限されていることが多い．このような中で環境基準と最高速度の向上を両立するために様々な取組みが行われてきた．本項では騒音のメカニズムや環境基準，騒音対策について述べる．

(1) 高速走行時の騒音のメカニズム（図2-40）

列車走行時の音は発生源によって大きく5つに分けられる．なお，このほかに高速列車がトンネル通過時に生じるトンネル微気圧波による騒音もあるが，本項では省略する．

① 集電系音：パンタグラフや架線等の集電系から出る音
② 車体空力音：車体の段差や突起によって気流が乱されて発生する音
③ 車両機器音：モーター等車両に搭載された機器から発生する音
④ 転動音：車輪がレールを転がることによって発生する音
⑤ 構造物音：車両走行時の衝撃等により構造物から発生する音

在来線の場合，主な音の発生源は転動音である．よって，防音壁の設置や軌道側での対応が中心となる．一方で高速で走行する新幹線の場合，転動音だけではなく集電系音や車体空力音による影響も大きい．そのため，在来線と同様の対策だけでは不十分であり，様々なアプローチで騒音対策を取る必要がある．

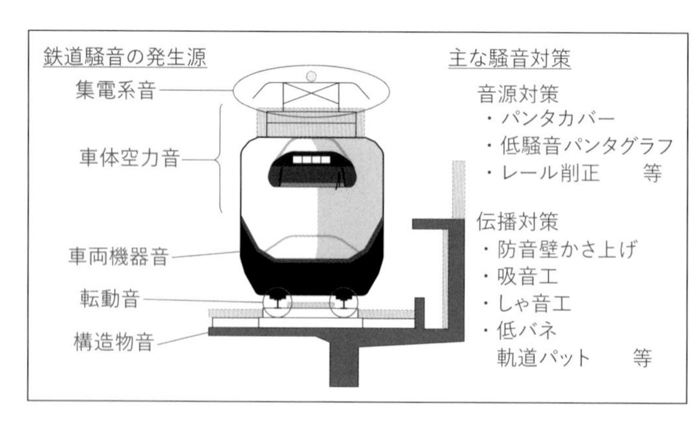

図2-40　鉄道騒音の発生源と主な対策

(2) 騒音に対する環境基準[38)]

東海道新幹線が開業するまでは，列車走行による騒音問題が顕在化することはなく，騒音基準も存在しなかった．1964（昭和39）年の東海道新幹線開業当時は現在では当たり前のように設置されている防音壁もほとんど設置されていなかったというから驚きである．東海道新幹線の開業により，騒音が社会問題となり，1975（昭和50）年に「新幹線鉄道騒音に係る環境基準」が制定された（**表2-11**）．在来線については1995（平成7）年に「在来鉄道の新設又は大規模改良に際しての騒音対策の指針」が制定されている（**表2-12**）が，新幹線のような環境基準は設けられていない．

新幹線と在来線では異なった騒音評価指標が設けられており，新幹線では「騒音レベルの最大値」，在来線では「等価騒音レベル」が採用されている．「騒音レベルの最大値」は測定された騒音レベルの評価時間内の最大値であり，列車本数や走行時間帯等の影響を受けない．「等価騒音レベル」はある決められた時間における騒音の大きさを平均的に評価するものである．これは列車本数の影響を大きく受け，列車1本あたりの騒音レベルが大きくても列車本数が少なければ騒音レベルとしては小さく評価されるというものである．そのため，在来線よりも新幹線の方が厳しい指標であることがわかる．世界に目を向けてみると，高速鉄道も含めて等価騒音レベルを採用している国が

表2-11　新幹線鉄道騒音に係る環境基準

地域の種類	基準値※
I（主に住居用に供される地域）	70 dB以下
II（商業用の用に供される地域等 I 以外の地域であって通常の生活を保全する必要がある地域）	75 dB以下

※評価は，上下を合わせて連続して通過する20本の列車の騒音レベルに関して，上位半数のパワー平均を用いて行う（$L_{A,Smax}$）．

表2-12　在来鉄道の新設又は大規模改良に際しての騒音対策の指針

種　別	騒音対策の指針
新　　線	昼間(7～22時)：60 dB以下 夜間(22時～翌日7時)：55 dB(A)以下
大規模改良線	騒音レベルの状況を改良前より改善すること．

※評価量：等価騒音レベル(L_{Aeq})
評価点：近接側軌道中心からの水平距離が12.5 mで高さが地上1.2 mの点

ほとんどである．高速鉄道で「騒音レベルの最大値」を採用しているのは日本の新幹線と台湾の高速鉄道のみであり，新幹線の騒音に対しては世界的にも厳しい基準が適用されていることがわかる．

近年，新幹線を海外に輸出する動きが活発になっている．高速鉄道を海外に売り込むうえで，最高速度が大きな強みとなるが，新幹線は自国の厳しい環境基準が足かせとなり，最高速度という点においては世界から遅れをとりつつある．新幹線の更なる発展のためにも，環境基準を世界レベルに合わせ，柔軟に最高速度を設定できるようにすることが望まれる．

(3) 従来の騒音対策[39)]

厳しい環境基準を満足させるため，これまで車両や構造物，軌道など鉄道の関係する各分野では様々なアプローチで騒音対策がなされてきた．その例を図2-40に併せて示す．車両側の対策として，集電音については発生源となるパンタグラフの脇にカバーを取り付けたり，空力音については，近年の新幹線車両（例えばAlfa-X）では極力車両の凹凸がないよう滑らかに設計されたりしている．また，地上側では転動音を抑制するために，レール表面を削って凹凸をなくす，騒音に配慮した構造形式を選定する，防音壁を設置するなどの対策が取られている．これらの対策のうち，構造形式と防音壁について以下に詳述する．

構造形式に関しては都市部を中心として構造物音の小さいものを選定するようになった．山陽新幹線以降では長大橋でも鋼桁からPC桁や合成桁などが選定されることが多くなった．

鋼桁を用いる場合には，ローゼ桁下面に防音張板を施したり，縦桁や横桁に制振材を設置したりしている．また，鋼トラス橋では東北新幹線以降，防音とスラブ軌道の支持を兼ねて床版上にコンクリートスラブを施工することが標準となっている．

コンクリート橋の高架橋，橋梁においては，防音壁を充実させている．東海道新幹線建設当時はパイプ高欄が標準であったものが，山陽新幹線以降は防音壁を原則設置するようになった．東北新幹線，上越新幹線建設時は防音壁の高さをレールレベルから1.5 mとすることが標準となり，逆L型の防音壁や防音壁のかさ上げ工，防音壁の内側に吸音板を施す吸音工が開発，適用さ

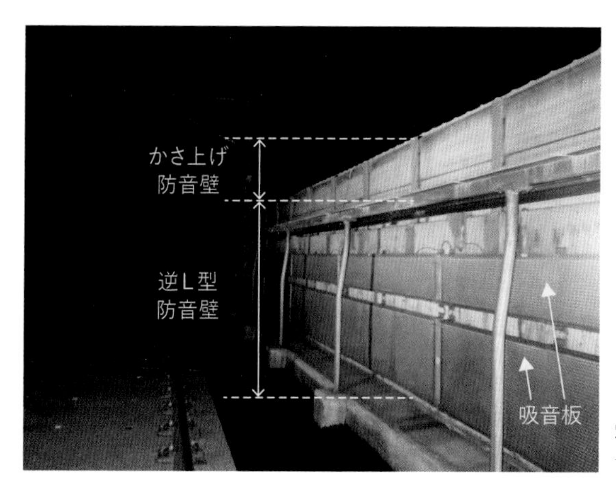

写真2-46 東北新幹線における騒音対策例

れてきた（**写真2-46**）．北陸新幹線以降では，支柱を立て，その間にPC板を落とし込むタイプが主体となっている．

(4) 近年の騒音対策

近年は新幹線のスピードアップに向けた動きが活発になっている．例えば，東北新幹線では区間を分けて2011（平成23）年から徐々にスピードアップを行っている（**図2-41**）．スピードアップを実施すると騒音も増大するため，騒音対策をセットで実施する必要があり，車両や軌道，構造物等鉄道全体で実

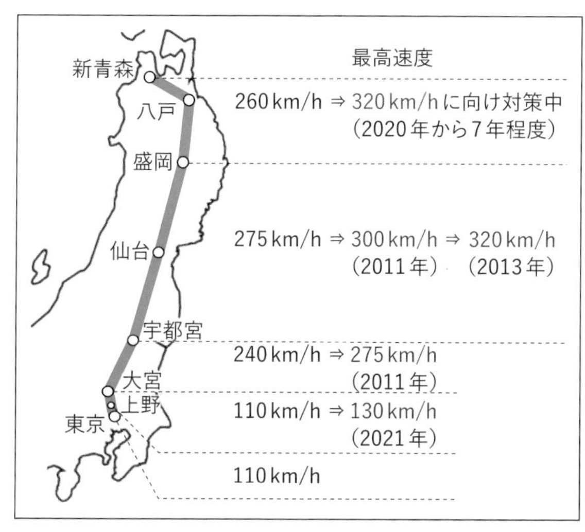

図2-41 東北新幹線における近年の最高速度の経緯

施しないと厳しい場合が多い．車両では車体の平滑化で主体空力音，機器の性能アップで車両機器音をそれぞれ低減している．さらに，集電系音を下げるために，パンタグラフカバーも開発されている．地上設備の一般的な対策方法は，防音壁のかさ上げや吸音板の設置である．しかし，特に防音壁のかさ上げは荷重の増加を伴うために既設構造物の構造検討が必要となり，既設構造物の耐力次第では補強が必要になったり，別基礎を設置して防音壁をかさ上げするなど，大掛かりな対策が必要になる場合がある．それだけではなく，防音壁をかさ上げすると車窓から風景が見えなくなったり，逆に街側から重量感や閉塞感を感じやすくなったりするといった課題もある．そのため，極力防音壁の高さを抑えるべく技術開発が行われている．例えば，これまでの防音壁は騒音を抑え込むものだったのに対し，音と音の波を干渉させて消しあう「干渉型防音壁」が開発されている．その中でもJR東日本が開発した防音壁[40]は既設の防音壁上に載せるタイプのもので，回折ポイントと呼ばれる傾斜板により走行音を回り込ませて反射音どうしを干渉させ（**図2-42**，**写真2-47**），約2dBの騒音低減効果が期待できる．また，高架橋の外側への飛び出しが小さい形状のため，かさ上げに伴う用地上の制約が小さいのが特長である．

海外でも騒音に対する様々な取組みが見られる．例えば，中国の高速鉄道では住宅地においてシェルターが採用されている．しかし，シェルターは重量感や閉塞感の増加といった景観上の課題が多いため，日本では防音壁を発展させる方向で技術開発が行われている．

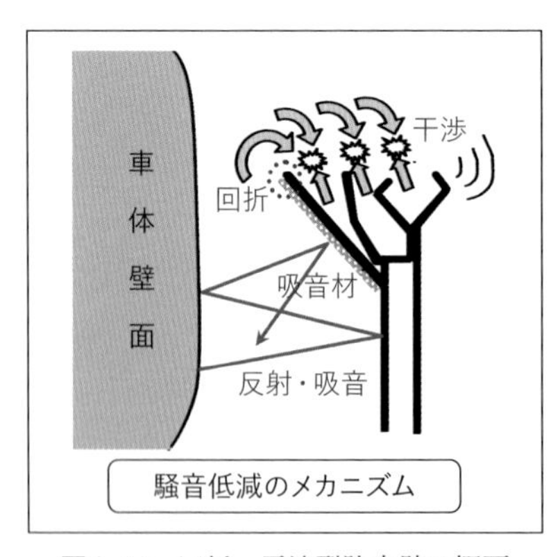

図2-42　回折・干渉型防音壁の概要

写真2-47　回折・干渉型防音壁

5-3 生産性向上

少子高齢化による労働力の減少が想定される現在，さらなる生産性向上が望まれることは言うまでもない．その成功の鍵は「鉄筋コンクリート構造物の現場作業を減らすこと」である．施工の品質を確保しながら合理化・簡素化する手法として，ここでは「プレキャスト工法の活用」と「過密配筋の回避」の取組みと今後の期待について述べる．

(1) プレキャスト工法のさらなる活用

前章にまとめたように，仮線方式や直上方式での連続立体交差事業などの複雑化・長期化する工事では，コンクリート構造物はプレキャスト部材を活用したプレハブ化の一層の推進が欠かせない．これは歴史的には50年以上前より進められてきたことだが，今まではコストの壁が厚かった．工事規模（ロット）が大きくないと，なかなかペイしないのだ．しかし労働力の減少という問題に直面している現在は，そうは言っていられないという段階に入ったのである．

当然ながら，高架橋をプレキャスト部材で構築する場合は設計法と施工法の両方ががらりと変わる．現地までプレキャスト部材を運搬するには，一般道を走行するトレーラーに積載可能なサイズと重さに抑える必要があり，12.5 m スパンの高架橋での計画が必要となる．現地の施工条件や地盤条件などによっては，さらに短スパン化して現場作業を低減したほうがコストダウンや工期短縮効果が期待できる場合もある．

もうひとつ，プレキャスト部材にはデザイン上のメリットがあることを忘れてはいけない．プレキャスト工法は構造計画上の大原則として役物（やくもの；寸法が微妙に異なるイレギュラーな部材）を増やさないことが重要だが，それは必ずしも部材をシンプルにしなければならないということではない．どうせ鋼製型枠を作成して大量生産するのだから，意匠的に少し複雑な形態でも同一ピースを生産するのであればなんの問題もない（型枠製作代が少しかさむだけ）．丁寧な面取りやテクスチャーの付与を高品質で施せるという強みもあるのだ．

一例として，アラブ首長国連邦のドバイメトロプロジェクトを紹介する．

写真2-48　ドバイメトロのピアキャップと下路桁の造形（提供：大林組）

写真2-49　3径間連続橋は変断面セグメントでの張出し架設（提供：大林組）

ここでは地上部のうち56kmが高架橋であり，橋脚数は1,700基に及んだ．第三軌条方式のPC下路桁のプレキャストセグメント数は約16,000個，基本はスパンバイスパン工法で工期は2年半だった．セグメントやピアキャップ（橋脚の梁部）は非常に複雑な造形だが，これは鋼製型枠で解決する問題であり，海外の新交通システムでは，このような手法が多くなっている．高架橋は都市のイメージを左右するのだから，そのデザインは極めて重要である（**写真2-48, 2-49**）.

プレキャスト工法の活用のポイントは「適切なスパンに分割した構造計画」と「デザインの向上」である．いまは多くの設計施工実績を積み重ねて，活用計画の熟度を向上させる段階にあるといえる．高速道路の換気塔や道路橋での活用事例も参考になるだろう（**写真2-50, 2-51**）.

(2) 過密配筋の回避

高架橋の長スパン化や耐震性能への要求が増大するにつれて必要な配筋量が多くなり，梁・柱の接合部などは鉄筋が錯綜する状態である．高強度の鉄筋やコンクリートの活用，プレキャスト部材の工場での製作，BIM/CIMの活用による干渉チェックなども行われているが限度がある．やはり施工性を念頭に置いた構造計画段階での技術開発が欠かせないと考えられる．

背割り構造の隅角部では，過密配筋を回避するためにV型に広げた例がある．これはデザイン的にもアクセントを与える効果があったが（**写真2-52**），斜材の構築に難があるため，背割り間隔を大きく空けた事例も出現した（**写

写真2-50　首都高中央環状線の45 mの換気塔では外装材にプレキャストコンクリート版を活用

写真2-51　第二名神高速古川高架橋のリブ付きU型コア断面のセグメント（提供：三井住友建設）

写真2-52　背割り部のV脚化

写真2-53　背割り部のΠ脚化

真2-53）．いずれもスパン割の統一というデザイン上の目的から多少逸脱するが，生産性向上や品質確保などを勘案して総合的に採否を判断した結果である．

今後は過密配筋部に鋼殻（鋼材による格点）を活用するなど，今までコストの壁に阻まれてきた工夫が増えるかもしれない．ここでも多くの計画と設計施工実績を積み重ね，活用計画の熟度を向上させていくことを期待したい．

5-4　耐震性・耐久性の向上

(1) 耐 震 補 強

1995（平成7）年1月に発生した兵庫県南部地震は，鉄道高架橋の崩壊という甚大な被害をもたらした．RCの柱部材がせん断破壊したことが原因だった（表2-13）．これを受けて，国土交通省は既存鉄道構造物に係る緊急措置を通達し，全国の鉄道事業者が既設構造物の耐震対策工事に着手することとなった．

耐震補強の方法としては，耐力を上げずに変形性能を向上させる「靭性補強」が合理的でかつ有効となる．なぜなら，柱部材の「耐力補強」によって力ずくで地震力に抵抗すると，補強した柱部材に接続している梁部材や基礎にも同等の耐力補強が必要となるからである．そのため鉄道構造物の耐震補強の多くはせん断補強および靭性補強を目的としている．

耐震補強工事の難しさは，鉄道の営業運転はもとより，高架下を利用した駅施設やショッピングセンターなど供用中の機能を維持したまま補強工事を進めるよう求められることである．都市部の高架橋で高架下の空間が高密度利用されている場合などは，第3編の事例にあるように大規模な支障移転を実施してリニューアルすることもあるが，基本的には供用中の制約条件下で施工を可能とする耐震補強工法を中心に技術開発がなされてきた．主な工法はかみ合わせ継手を用いた「鋼板巻き工法」，柱の周囲に鋼棒を巻く「RB補強工法」，側面にのみ鋼板を添わせて補強鉄筋を縫い込む「一面補強工法」な

表2-13　破壊形態と被害の模式図

せん断破壊先行型の柱	曲げ破壊先行型の柱
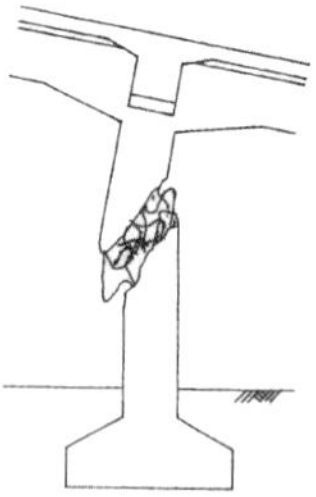 	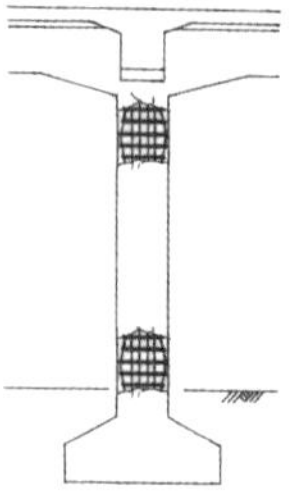 

表2-14　開発されてきた耐震補強工法の例

かみ合わせ継手	RB耐震補強工法	一面補強工法
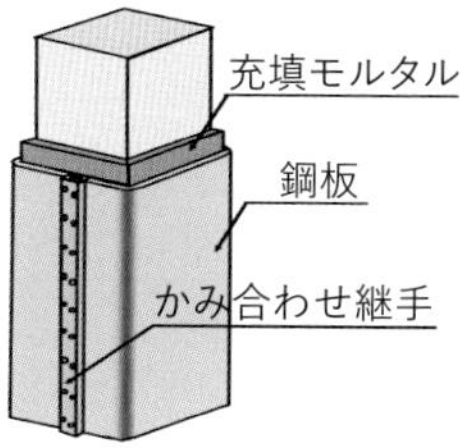 充填モルタル 鋼板 かみ合わせ継手	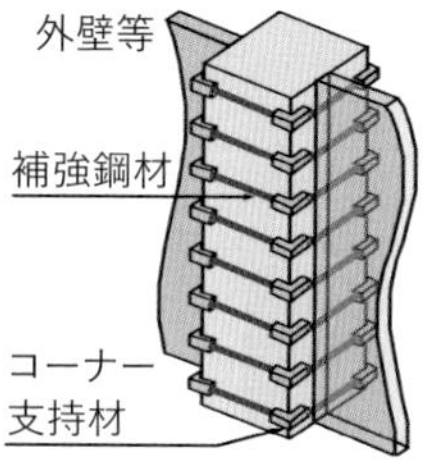 外壁等 補強鋼材 コーナー支持材	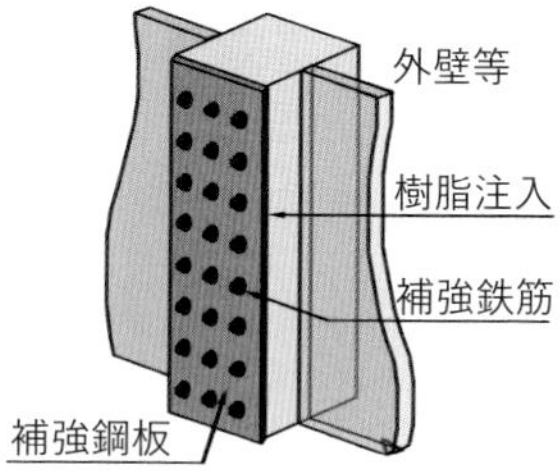 外壁等 樹脂注入 補強鉄筋 補強鋼板

どである（表2-14）.

なお，RC巻立て工法は補強前の景観が保て，塗装等のメンテナンスが不要であるが，補強による自重増加が大きく，基礎の余力が大きい構造物へ適用される．炭素繊維やアラミド繊維を巻き立てる工法は重量物である鋼板を扱うのが難しい屋内等の狭隘な作業空間に位置する柱を補強するために開発された．

その後2011（平成23）年3月に発生した東北地方太平洋沖地震は，広範囲に長時間の揺れを引き起こし，巨大津波による甚大な被害をもたらした．しかし，この時までに東北新幹線等ではせん断破壊先行型の柱の耐震補強が完了していたことから，RC高架橋は致命的な損傷を受けなかった．ただし，PC製の電柱は広範囲に被害が及んだ．現在は新たな技術開発を行いながら電柱の耐震補強を進めているところである．

さて，この項で注意を喚起したいのは，耐震補強工事による美観についてである．有り体にいえば，個々の補強工法は見栄えが悪い．創建時には予期しなかった補強を緊急に行わなければならないのだから，デザインどころではないというのもわかる．しかし，見方を変えれば，耐震補強は既存構造物の景観向上のチャンスでもある．この機会を逃しては，将来的に手を加えることはなかなかできないだろう．耐震補強が必要な構造物は高度成長期に造られ，元々デザイン的配慮に乏しいものが多いので，なおのこと重要である．排水管などの添加物を整理し，塗装色を工夫するだけでも大きな効果が得られる（写真2-54, 2-55）.

写真2-54　関連部材を含めて塗装

写真2-55　RC巻立てにテクスチャー

写真2-56　傾斜面のあるRC高欄

写真2-57　直立のFRP高欄

耐震補強の計画にあたっては，その構造物の視認性や地域の風景全体に及ぼす影響を勘案し，さらに「補強したことを適切に表現し，市民に安心感を持っていただく」という観点も考慮に入れて仕上げを工夫することが望ましい．

(2) 汚れ防止

これは外部空間で雨ざらしになる土木施設に共通する宿命ではあるが，コンクリートの表面が汚れたり黒カビが生じたりして不快な姿になってしまうという問題である（写真2-56）．

汚れがどんな状態で生じるかははっきりしていて，コンクリートが多孔質であるために塵埃が溜まりやすく，汚れが表面に蓄積し，あるいは有機物が供給されてかびるのである．したがって，塵埃が積もるような勾配にせず，かつ多孔質の表面に撥水剤を塗布したり樹脂塗装すれば汚れにくくなる．また，表面にスリットを設けるなどして雨水の流路を制御し，水のキレをよくするのも効果がある．

以上のことから，表面が緻密で塗装してある直立のFRP高欄は汚れに対する耐性に優れている（**写真2-57**）．しかし，高さが2mを超える防音壁は，走行時の風圧に耐えるものが現在のところRC構造しかない．騒音対策と汚れ防止をセットとした防音壁の開発が待たれるのである．

〔参 考 文 献〕

1）鉄道総合技術研究所編：鉄道構造物等設計標準・同解説　変位制限（2006.2）
2）鉄道総合技術研究所編：鉄道構造物等設計標準・同解説　コンクリート構造物（2004.4）
3）石橋忠良：連載⑭『たわみで問題となった桁』道路構造物ジャーナルネット https://www.kozobutsu-hozen-journal.net/series/（閲覧日2022.1.27）
4）大槻茂雄，川瀬千佳ほか：日本初のCFT構造を用いた鉄道高架橋の設計・施工，コンクリート工学Vol.36，No.6（1998.6）
5）佐々木崇人，野澤伸一郎，築嶋大輔，金子顕：新幹線用コンクリート製電柱の地震被害とその対策，コンクリート工学53巻，第7号，p622-628（2015）
6）鉄道構造物等設計標準（コンクリート構造物）［平成16年4月版］のマニュアル，東日本旅客鉄道株式会社（2021.6）
7）景観デザイン研究会鉄道部会編：鉄道高架橋の景観デザイン（1999.8）
8）高知県，高知市，四国旅客鉄道株式会社：高知広域都市計画　四国旅客鉄道土讃線　高知駅付近連続立体交差化事業事業誌（2010.3）
9）高津徹，小林寿子，山内俊幸，狩野重治：中央線三鷹～立川間連続立体交差化における高架橋の計画，SED，No.12
10）渡部太一郎，丸山修，佐藤清一，津吉毅，野澤伸一郎：中央線三鷹・立川間高架化工事で展開した新技術，橋梁と基礎（2011.1）
11）飯沼紀則，木野淳一，黒田智也，中本康晴，三島大輔：中央線三鷹・国分寺間高架橋の設計と施工，橋梁と基礎（2007.4）
12）池野誠司：東北本線平泉・前沢間衣川橋りょう改築における景観条例に基づいた構造検討，東北工事テクニカルレポート2004，vol.14
13）鉄道・運輸機構東京支社，首都圏新都市鉄道株式会社：つくばエクスプレス（常磐新線）工事誌（2006.3）
14）鉄道総合技術研究所編：鉄道構造物等設計標準・同解説　耐震設計（2012.9）
15）小野寺周，和田一範，日野篤志，室野剛隆：熊本地震を事例としたラーメン高架橋の地震時挙動に及ぼす地中梁の影響，鉄道総研報告Vol.32，No.9，pp.35-40（2018.9）
16）須澤浩之：整備新幹線における雪害対策，土木施工，Vol.61，No.11，pp.116-119（2020.11）
17）岡田良平：いよいよ北海道に渡る新幹線－北海道新幹線［新青森・新函館北斗］のコンクリート構造物，セメント・コンクリート，No.827，pp.10-15（2016.1）
18）朝長光：整備新幹線におけるラーメン高架橋の変遷，土木施工（2020.11）
19）鉄道・運輸機構：北陸新幹線工事誌（長野・糸魚川間）（2017.3）
20）千葉寿，進藤良則：雪害対策を考慮した開床式高架橋の設計施工，セメント・コンクリート，No.827，pp.16-19（2016.1）
21）神田政幸，出羽利行，舘山勝，谷口善則：鉄道高架橋の構造・基礎形式が地震後の角折れ等に及ぼす影響，鉄道総研報告Vol.24，No.7，pp.5-10（2010.7）
22）鉄道・運輸機構：北陸新幹線工事誌（糸魚川・小矢部間）（2017.3）
23）鉄道・運輸機構：北陸新幹線工事誌（津幡・金沢間）（2017.3）
24）構設史編集研究会編：鉄道構造物を支えた技術集団―国鉄構造物設計事務所の足跡―，（社）日本鉄道施設協会，pp.134-137，120-124（2009.9）
25）日本国有鉄道：山陽新幹線 新大阪・岡山間 建設工事誌（1972.4）
26）鉄道ACT研究会：鉄道ラーメン高架橋のプレキャスト構築工法，PR対象工法一覧〔改訂版〕（2020.11）

27）鉄道総合技術研究所：プレキャスト型枠工法を適用した鉄道ラーメン高架橋の設計・施工指針（1999.3）
28）眞野亮，村上昌彦：トラス鉄筋付プレキャスト版を用いた鉄道ラーメン高架橋の設計・施工，コンクリート工学会，Vol.58，No.11，pp.898-903（2020.11）
29）鉄道総合技術研究所：モルタルスリーブ継手を用いたプレキャストラーメン高架橋の設計・施工指針（2015.12）
30）プレストレストコンクリート編集委員編：北陸新幹線（長野・金沢間）の主なPC橋，プレストレストコンクリート，Vol.56，No.2（2014.3）
31）久保達彦，宮本順一，岡本圭太，光森章：北陸新幹線における鉄道初のフルプレキャストラーメン高架橋の建設工事，コンクリート工学会，Vol.59，No.3，pp.261-266（2021.3）
32）篠原修編：景観用語事典，「構造デザイン」，彰国社（1998）
33）五味信：高架橋の新構造方式と設計法，土木学会論文集第53号（1958）
34）高橋浩二：鉄道高架橋の具備すべき基本的条件と構造形式の変遷に関する研究，鉄道技術研究報告，No.1082，施設編第483号（1978）
35）ドイツ鉄道編：鉄道橋のデザインガイド～ドイツ鉄道の美の設計哲学～，鹿島出版会（2013）
36）平岡陽治ほか：デザイン・ビルドによる海外鉄道建設プロジェクト～ドバイメトロ～，橋梁と基礎（2009.10）
37）高木言芳：新幹線高速化に向けた地上設備の研究開発，JR EAST Technical Review，No.15（2006）
38）橘秀樹：鉄道騒音に関する各国の基準・ガイドライン，日本音響学会誌，73巻4号（2017）
39）野澤伸一郎：新幹線の橋梁整備と高速化への対応，橋梁と基礎（2014.8）
40）森圭太郎，高桑靖匡，野澤伸一郎，島広志，渡辺 敏幸，鉄道用新型騒音低減装置の効果検証実験，土木学会論文集G，Vol.62，No.4，pp.435-444（2006.12）

鉄道高架橋と高架下空間の幸せな関係を探る

1. 鉄道高架橋と高架下空間の幸せな関係とは

電車の音が客どうしの心の距離を近づける有楽町や新橋のガード下，所狭しと並べられた商品に威勢のよい声があがる上野・アメ横，港町らしい個性的な店が連なる神戸・元町の高架下．鉄道の高架下空間は，闇市に端を発するともいわれるルーツと，線路下という独特の雰囲気を活かし，まちの活気を支える盛り場として，長く都市に深みを与えてきた．

こうした高架下空間に新しいイメージを付け加えたのが，2010（平成22）年にオープンした「JR山手線×2k540 AKI-OKA ARTISAN」だ．高架橋のスラブや柱を白く塗り，構造そのものを「見せる」空間は，列柱の持つ独特の雰囲気と洗練された店舗と相まって，現代の高架下空間の火付け役となった．その後も高架下空間は進化を続け，2014（平成26）年の「JR中央線×ののみち」や2019（平成31）年の「京急本線×梅森プラットフォーム」など，沿線地域の生活環境の向上や文化の継承といった役割を担うものも登場している．

そうした役割の広がりに合わせ，高架下の業態も，従来の飲食や物販に加え，保育園や病院，シェアオフィスやホテルなど，地域の特性に応じたものへと多様化をみせている．いまや高架下空間は，人とまちをつなぐ都市の貴重な空間として定着しつつあるといえよう．

さて，まちづくりへの展開を考えていくうえで，高架橋と高架下空間はどのような関係が望ましいのだろう．というのも，高架橋は土木で，高架下空間の施設は建築と，設計を担う分野も違えば，設計や施工の時期もずれるのが普通だからである．

そう，両者は連句的な関係なのだ．すなわち，発句をなす土木には高架下の空間利用を想い高架橋を設計する心持ちが，それに続く建築には高架橋の魅力も引き出す高架下空間を設計する心持ちが望ましい．

いやいや，そんなまどろっこしいことはせず，はなから両者が協働して設計するべきではないかという意見もあるだろう．もちろんそれが理想で，連続立体交差事業といった鉄道高架化の場合には，その可能性をまず模索すべきだ．ただ実際には，既設高架橋での高架下の新たな空間活用や，高架下空間のリニューアルといったプロジェクトが多いのも事実である．

実は連句的なデザインは，最初から一体的に設計するよりもデザインのハードルが高い．高架橋の形から高架下空間の発想を膨らませたり，高架下空間をあらかじめ想像して高架橋の設計を考える必要があるからだ．

そこで本編では，連句としての高架橋と高架下空間の幸せな関係のありかたを探ってみたい．両者には「かたち」を媒介としたなんらかの法則があると考えたからである．

次章以降では，2010（平成22）年以降に整備された首都圏の高架下空間を対象として，まずはそれぞれの高架橋の構造諸元と高架下空間の利用形態の関係をみていく．それをもとに，高架橋と高架下空間の間にある法則を読み解いていこう．最後に，高架下の空間利用を想定した鉄道高架橋のデザイン手法にもアプローチしてみたい．

写真3-1　JR山手線×2k540 AKI-OKA ARTISAN

写真3-2　JR中央線×ののみち

2. 押さえておきたい鉄道高架橋のキホン

高架橋と高架下空間の関係を考える前に，もう一度，鉄道高架橋の構造的な特徴をおさらいしておこう．

2-1　鉄道高架橋の構造的特徴

第2編で詳しく説明したように，鉄道高架橋では，都市や郊外を問わず，長年にわたり多径間連続RCラーメン高架橋が用いられてきた．その理由は大きく3つある．

一つ目は，連続ラーメン構造は高次の不静定構造物のため，部分的な損傷が起こっても，橋全体の破壊には至りにくく，地震に強い点である．二つ目は，橋がたわみにくく，快適な乗り心地を提供するための厳しい基準をクリアできる点である．三つ目は，桁構造に比べてコンクリートボリュームを少なくでき，支承もいらないことから，建設費用を抑えられると同時に，維持管理の手間も少なくできる点である．

一般的な鉄道高架橋の支間長は10m前後で，3～6径間のものが多いが，近年では15m程度の高架橋も施工されている．ちなみに1ブロック（橋長）の長さは，1日のコンクリート打設能力から決まることが多い．また橋長は，乾燥収縮や温度変化によるひび割れの影響で決まっており，おおむね60m程度が特別な配慮をしなくてもよい限界とされている．

高架橋どうしを接続するには，ゲルバー式，張出し式，背割り式の3つの方法がある（**第2編 図2-3**参照）．かつてはゲルバー式が多く採用されてきたが，近年では支承を省略できる背割り式が用いられる傾向にある．またラーメン高架橋は大きな桁下空間を確保できることから，高架下の空間利用にとっても有利な構造である．

2-2　高架化の施工方式と高架下空間

連続立体交差事業などによる鉄道高架化の施工方式には，大きく3つの方法がある（第2編 図2-4参照）．一つ目は，現存する線路脇に仮の線路を造り，切り換えた後で，もとの線路用地の上に高架橋を造る「仮線方式」である．二つ目は，従来の線路脇に新たな高架橋を造る「別線方式」である．仮線方式は，整備前後で線路の平面位置が同じという利点があるが，2度の切換えを行う不利点がある．一方，別線方式は1度の切換えですむものの，整備前後で線路の平面位置が変わってしまう．近年では，仮線方式の方が多く用いられているようである．そして最後が，現存する線路の真上に高架橋を造る「直上方式」である．

仮線方式と別線方式では高架脇に新たな土地を取得するため，高架化した後に高架橋に隣接した道路が設けられることになるが，直上方式では，線路をそのまま持ち上げるため，高架脇には特に変化が発生しないという特徴がある．以上の特徴を簡単にまとめたのが下記である．

【仮線方式】
・全国的に最も施工されている工法
・整備前後の線路の平面位置が同じ
・鉄道沿線が市街地部の場合，仮線敷設に伴い用地取得が必要な場合がある

【別線方式】
・仮線方式と比べ，仮線を敷設しない分，工期が短い
・整備前後の線路の平面位置が変わる
・鉄道沿線が市街地部の場合，別線敷設に伴い用地取得が必要な場合がある

【直上方式】
・現在線上での作業となるため，夜間工事が多く工期も長い
・用地取得が難航する場合に用いられる
・取付け区間で仮線用地が必要となる

3. 首都圏における近年の鉄道高架橋・高架下空間の事例

本章では，2010（平成22）年から2020（令和2）年につくられた首都圏の9つの高架下空間を取り上げ，その紹介とともに，鉄道高架橋の構造と高架下空間の利用形態の関係をみていくことにしよう．

3-1　JR山手線×2k540 AKI-OKA ARTISAN

構造を「見せる」デザインで，現代の高架下利用の火付け役に

2k540 AKI-OKA ARTISAN（ニーケーゴーヨンマル アキオカ アルチザン）は，2010（平成22）年にJR山手線の秋葉原駅と御徒町駅のほぼ中間に誕生した高架下施設である．名称の由来は，東京駅からの距離（2.54キロ）と，秋葉原駅のAKIと御徒町駅のOKAに，職人を意味するフランス語「アルチザン」によっている．

「アルチザン」の理由は，上野寛永寺や浅草寺などの寺社や浅草や柳橋などの色街に近く，江戸時代に伝統工芸の職人が工房を構えていたことによる．明治時代に業態はジュエリーや皮製品へと変わったが，職人文化は残り，現

表3-1　対象とする高架下空間の事例

路線名	駅　間	高架下空間名称	高架橋施工時期	開業時期
JR山手線	秋葉原～御徒町	2k540 AKI-OKA ARTISAN	1925	2010
東急東横線	祐天寺～都立大学	GAKUDAI KOUKASHITA	1970	2012
JR中央線	神田～御茶ノ水	マーチエキュート神田万世橋	1912	2013
JR中央線	武蔵境～国立	ののみち	2010	2014
東急東横線	中目黒～祐天寺	中目黒高架下	1926	2016
京急本線	日ノ出町～黄金町	日ノ出町・黄金町エリア	1930	2008
東急池上線	五反田～大崎広小路	池上線五反田高架下	1928	2018
京急本線	大森町～梅屋敷	梅森プラットフォーム	2012	2019
東武スカイツリーライン	浅草～とうきょうスカイツリー	東京ミズマチ	1931	2020

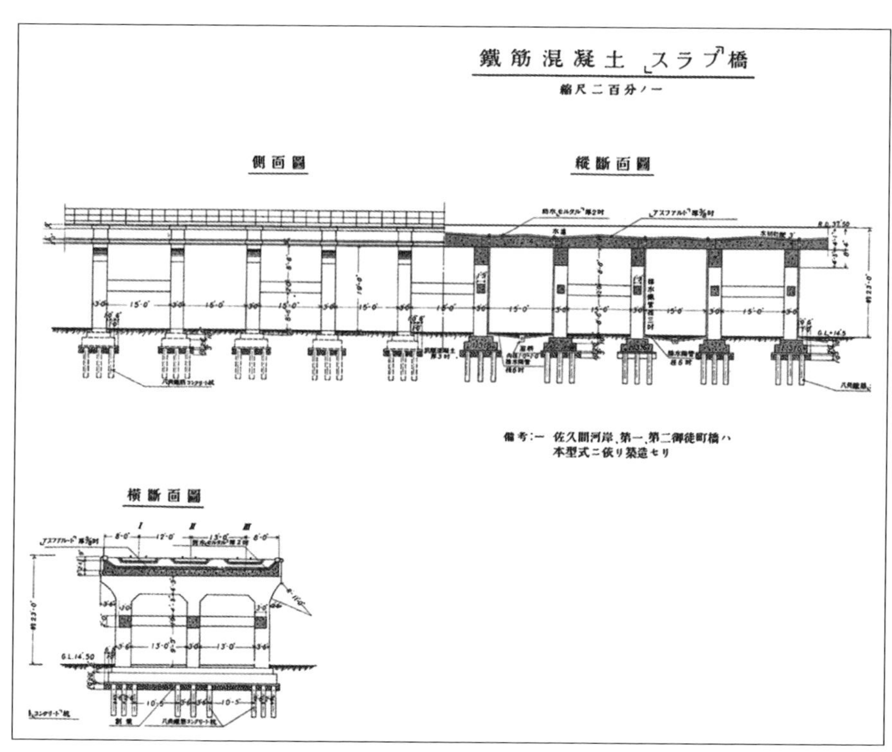

図3-1 『東京市街高架線東京上野間建設概要』掲載の設計図

在も工房が多く集まるエリアである．

こうした場所の特性を活かし，2k540 AKI-OKA ARTISANは，『人とヒトを「結ぶ」』，『過去と現在を「結ぶ」』ことをコンセプト[1]に，工房とショップがセットになったスタイルの店舗が集まる施設となっている．

高架橋の概要[2)～5)]

高架橋は，建設時期の異なる2つの橋で構成されている．西側の高架橋が最初に建設されたもので，第一御徒町高架橋と名付けられた，歴史ある「東京市街高架線（東京～上野間高架橋）」の一部である．1920（大正9）年に工事が開始され，関東大震災により大幅に工事が遅れたが，1925（大正14）年に竣工した．なんと100年近くの間，現役で働き続けている．

ちなみに「東京市街高架線（東京～上野間高架橋）」は，それまでの鉄道高架橋で一般的だった鉄桁ではなく，鉄筋または鉄骨コンクリートラーメン構

写真3-3　2k540 AKI-OKA ARTISANの内部空間

造が多く用いられているのが特徴で，戦後の鉄道建設のお手本となったといわれている．

『東京市街高架線東京上野間建設概要[4]』によれば，上野駅（山下町橋）から神田駅間（東松下橋）では，高架下の利用率を高めるためにスラブ桁を採用したとあり，高架下の空間利用を前提としていたことがわかる．実際，竣工後には商店や工場，倉庫や変電所などが設けられた．

なお，東京駅から神田駅付近の黒門橋までは煉瓦や石材による装飾を施したが多額の費用と時間を要したことから，黒門橋の隣の東松下橋から上野駅の区間では，工費を節約し路線延長を優先させるために，装飾は他日に期し，化粧工事を省略したと記されている．そのため，本高架橋も打放しのコンクリート仕上げであった．

その構造は，スラブ桁を門形橋脚で支持する桁式高架橋である．線路方向の柱中心間隔は約5.4m（18フィート）となっている．なお，線路方向では柱と柱をつなぐ小梁が1径間おきに配置されている．またスラブ桁の厚さは70cmで，3柱式または4柱式のRC門型ラーメン橋脚で支えている．橋脚の

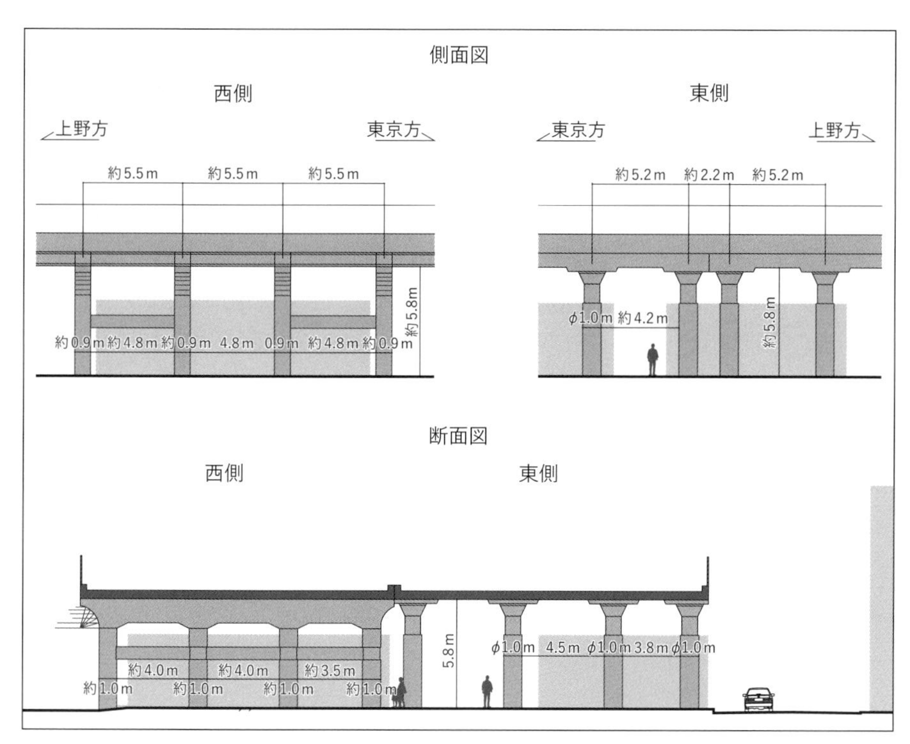

図3-2　2k540 AKI-OKA ARTISAN　側面・断面図（1/400）

線路直角方向には約1m（3フィート6インチ）の曲線を用いた張出し梁が設けられており，用地幅を最小限に抑える工夫だと考えられる．

その数年後に，秋葉原貨物駅の改良工事が実施され，東側の高架橋は拡幅に対応しやすく柱を比較的自由に配置できるフラットスラブを円柱で支える構造が採用された．1930（昭和5）年1月発行の『工事画報』には，フラットスラブを国内で初めて用いた事例だと記載されている．

その後，2011（平成23）年に改良工事および耐震補強が実施され，全ての区間で柱に鋼板巻立てによる補強が施された．

高架橋と高架下空間の関係

秋葉原駅から御徒町方面に10分ほど歩き，蔵前橋通りを渡ると，2k540 AKI-OKA ARTISANのメインエントランスに到着する．足を中に踏み入れて真っ先に目に飛び込んでくるのが，白塗りの天井と奥まで続く円形の列柱である．

これが東側高架橋のスラブと柱で，足元の黒アスファルト舗装と相まって，それまでの高架下空間のイメージを刷新するモノトーンの洗練された空間となっている．まさに高架橋の構造を「見せる」デザインである．高架橋の直角方向幅が約15mと広いこともあり，高架下空間には中通路が設けられ，両側に並ぶ工房を兼用した雑貨店や飲食店の入口も中通路側に設けられている．

高架橋の両側は，いずれも車道で，向かい側には専門店やマンションが並んでいる．ただ高架下の店舗の入口が道路に面していないため街路との一体

表3-2　2k540 AKI-OKA ARTISAN　諸元

鉄道高架橋	名称	第一御徒町高架橋
	竣工年	1925（大正14）年
	構造形式	桁式（西側），張出し式RCラーメン（東側）（フラットスラブ式）
	橋長（ブロック長）	西側：約5.5m，東側：約33〜49m
高架下空間施設	開業年	2010（平成22）年
	施設延長	約150m
	高架脇土地利用	両脇とも道路（歩道なし）

写真3-4　店舗入口がまちに開かれたSEEKBASE

感はあまり感じられない．むしろ独特の高架下空間を演出するために，あえてまち側に開かない造りになっているともいえる．

ちなみに，その後，2k540 AKI-OKA ARTISANの秋葉原側にオープンした「ちゃばら（2013年）」や「**写真3-4**」は，いずれも店舗の入口が道路側に設けられており，まち側に開いた造りとなっている．

3-2 東急東横線×GAKUDAI KOUKASHITA

50年を超える高架下の歴史を継承し，現代的な路地空間を演出する高架下空間

GAKUDAI KOUKASHITAは，2012（平成24）年に東急東横線の学芸大学駅付近に誕生した高架下施設である．

もともとここには，1971（昭和46）年にオープンした名店街・味覚街・百味街・文化モード街・ニューパブ街の5つの商店街からなる「東急ショッピングコリドール」があった．2011（平成23）年の高架橋の耐震補強工事を機に，高架下空間も全面的にリニューアルすることになり，飲食店や居酒屋が

写真3-5 GAKUDAI KOUKASHITAの学大市場

集まる「学大横丁」，生鮮食品や惣菜の物販店などの「学大市場」，そして雑貨店など並ぶ「学大小路」の3つのゾーンからなる施設へと生まれ変わった．

高架橋の概要[6),7)]

東急電鉄の前身である東京横浜電鉄が1927（昭和2）年に渋谷～丸子多摩川（現多摩川）間を開業した当時，ここは地上区間で，その後，1970（昭和45）年の連続立体交差事業によって高架橋が建設された．

構造形式は，3径間連続のビームスラブ式RCラーメン高架橋で，接続方式は張出し式である．線路方向の柱純間隔は約6.4 m，張出し部は約2.5 mであるため，4径間ごとに異なる支間が現れる．また直角方向は2柱式で，柱純間隔は約8.0 mとなっている．線路方向と直角方向の両方に中層梁が設けられている．

なお2011（平成23）年の耐震補強により，柱はRC巻立てによる補強がなされている．

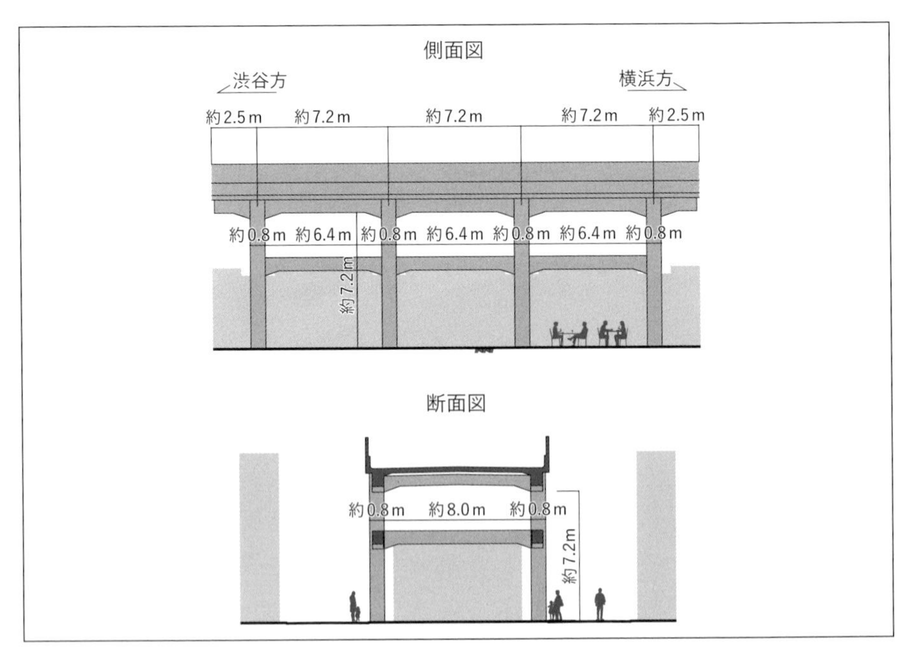

図3-3　GAKUDAI KOUKASHITA　側面・断面図（1/400）

高架橋と高架下空間の関係

学芸大学駅を出て横浜方面に向かうとすぐ見えるのが学大市場である．その先には学大小路が続いている．高架橋の両側は商店街で，高架下の店舗も通りに向けて入口を設けている．柱の内側に店舗がセットバックされていることで，柱と店舗の間に路地的な空間が生まれている．鉄道敷地内であることを活かし，オープンテラスや，商品のディスプレイスペースと，それぞれの店舗の個性が表出する空間になっている．柱脇の植栽スペースとも相まっ

写真3-6 GAKUDAI KOUKASHITAの学大横丁

表3-3 GAKUDAI KOUKASHITA 諸元

鉄道高架橋	位置	東急東横線祐天寺～都立大学間高架橋
	竣工年	1968（昭和43）年
	構造形式	張出し式RCラーメン（ビームスラブ式）
	橋長（ブロック長）	約26.6 m
高架下空間施設	開業年	2012（平成24）年
	施設延長	約200 m
	高架脇土地利用	両側道路／片側道路

て，まちに開いた印象を与える高架下空間である．

学大横丁は，上の2つとは逆方向の駅から渋谷方面に100mほど歩いたところにあり，黒瓦と黒塗りの板壁に小さな門構えが特徴的である．こちらは片側のみ街路に面しているが，柱の内側に店舗をセットバックし，路地的な空間を確保しているのは共通している．店舗はここだけ2階建てとなっているが，その階段も街路側に開いており，こちらもまた，まちに開いた印象を与える高架下空間となっている．

リニューアル以前は，橋脚を建物壁面に取り込む建築的なデザインだったが，現在は高架橋と店舗が分離されていることで，高架橋の構造が可視化されているのも特徴である．

3-3　JR中央線×マーチエキュート神田万世橋

大正時代の赤煉瓦高架橋，帝都ロマンを継承する高質な高架下空間

マーチエキュート神田万世橋は，2013（平成25）年に旧万世橋駅付近に誕生した高架下施設である．

御茶ノ水駅と神田駅の間にかつて存在した万世橋駅は，1912（明治45）年に中央線の延伸により，ターミナル駅として開業した．初代の駅舎は，東京駅と同じく辰野金吾による設計で，赤煉瓦造りの豪華なものであった．駅前広場を備え，東京市電へも乗り換えられることから，銀座と並び東京有数の賑わいを見せていたとされる．

しかし，1919（大正8）年に中央線が東京駅まで延伸されるとターミナル駅の機能が失われ，1936（昭和11）年には鉄道博物館（後の交通博物館）が併設されたが，乗降客数の減少に伴い，1943（昭和18）年に廃駅となった．なお交通博物館は，1948（昭和23）年から約70年にわたり，子供たちや鉄道愛好家に愛される場所だったが，老朽化に伴い2006（平成18）年に閉館し，翌2007（平成19）年に大宮駅の北側に新たな施設として開館した．

マーチエキュート神田万世橋は，「万世橋駅サロン」をコンセプトに，旧万世橋駅ホームへと上がる階段や歴史的価値のある遺構を再生するとともに，煉瓦造りの優れた外観を活かした高質な高架下空間となっている．

写真3-7　マーチエキュート神田万世橋と，かつて駅前広場だった広場空間

高架橋の概要[3),8)～10)]

高架橋の名称は万世橋高架橋で，1912（明治45）年に御茶ノ水・万世橋間市街線高架橋の一部として完成した．その構造形式はやや複雑で，神田川に面する北側は，1910（明治43）年に完成した東京・新橋間の新永間市街線高架橋と同じく，レンガアーチ構造であるが，南側はレンガアーチと桁式構造となっており，その中央部は南北の構造で支えられた盛土形式となっている．

この北側のレンガアーチ高架橋は，延長146.3 mで15径間連続のアーチ構造となっており，径間長は約9.5 m，アーチスパンは約8.0 mである．また，南側のレンガアーチ高架橋は2径間，2径間と5径間に分かれている．径間長は約6.1～7.5 m，幅は約5.0 mである．また，南北の高架橋を結ぶ3本の通路のうち，御茶ノ水側の通路は延長約20 m，径間長は約6.9 mのレンガアーチ構造であり，中央部と神田側の2本の通路は桁式構造となっている．

その後，2010（平成22）年に耐震補強が行われ，レンガアーチと橋脚を包むようにRC内巻き補強がなされた．

ちなみに，御茶ノ水・万世橋間市街線高架橋の後に延伸された東京・万世

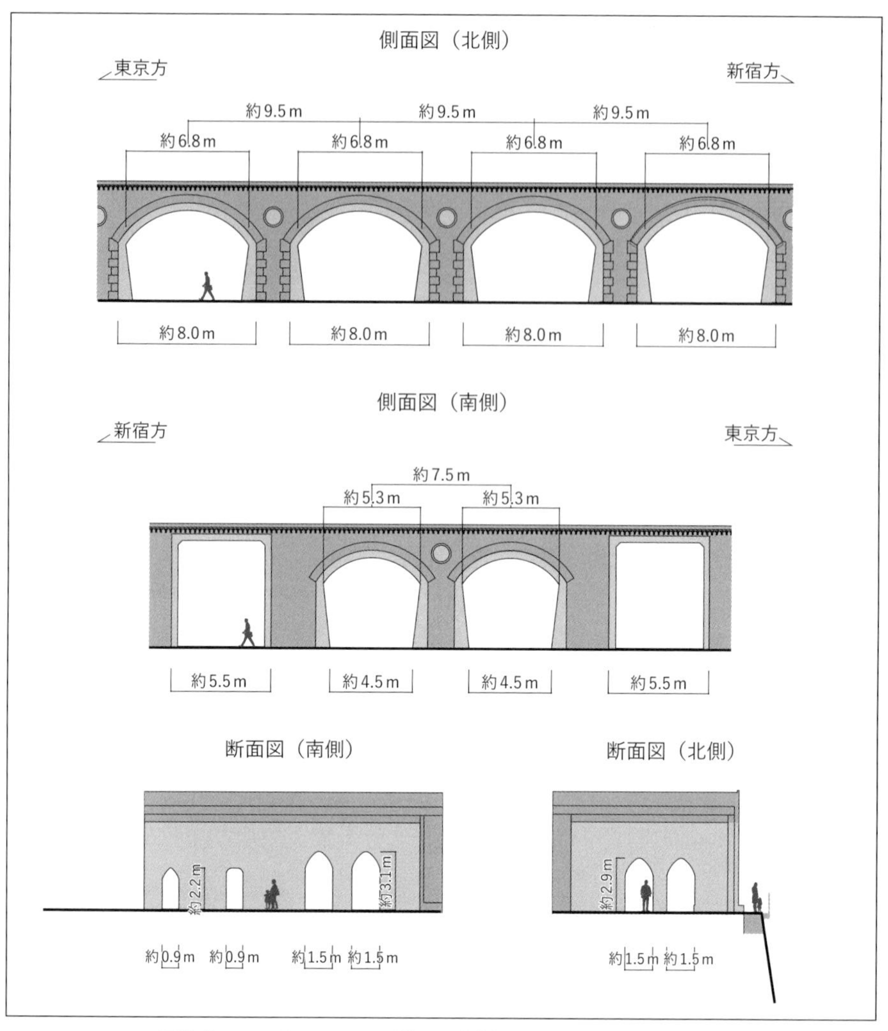

図3-4　マーチエキュート神田万世橋　側面・断面図（1/400）

橋間市街線高架橋は，煉瓦張りの鉄筋コンクリートアーチ構造であることから，本高架橋が東京で最後に建設されたレンガアーチ構造の高架橋だと思われる．

高架橋と高架下空間の関係

万世橋のたもとから神田川に沿って延びる煉瓦造りの美しい連続アーチの

高架橋がマーチエキュート神田万世橋である．

アーチの内側に高架下空間が収められていることで，日が暮れるとはめ込まれたガラス越しにほのかな明かりが外にこぼれる．アーチは，鉄道を支える構造としてだけでなく，店のウィンドウとしても機能している．高架橋と高架下空間は，眺める場所や時間によって主役が入れ替わる，図と地の関係をなしているようだ．

高架橋の両側に目を向けると，川沿いには見晴らしの良いオープンテラス

写真3-8 神田川から見たマーチエキュート神田万世橋

表3-4 マーチエキュート神田万世橋　諸元

鉄　道 高架橋	名称	万世橋高架橋＋旧万世橋駅
	竣工年	1912（明治45）年
	構造形式	北側：15径間連続レンガアーチ　南側：桁式＋2径間，2径間，5径間連続レンガアーチ
	橋長（ブロック長）	北側：146.3m，南側：約12.2～15m
高 架 下 空間施設	開業年	2013（平成25）年
	施設延長	約120m
	高架脇土地利用	道路／敷地内広場

があり，かつて駅舎のあった南側には広場空間が広がっている．鉄道敷地であることを活かし，店先にはテーブルとイスが並び，まちに開いた賑わい空間を演出している．魅力的な高架下空間には，高架橋の魅力もさることながら，ロケーションの力も大きいことを教えてくれている．

3-4　JR中央線×ののみち

まちに開く高架橋，地域の暮らしの拠点となる高架下空間

ののみちは，JR中央線武蔵境駅から国立駅の駅間に開業した高架下施設の総称である．最初にオープンしたのは，2014（平成26）年の「ののみちサカイ西」「ののみちヒガコ」で，その後「ののみちムサコ」「ののみちクニタチ」へと拡大されている．ちなみに駅に付随する高架下施設は「nonowa（ののわ）」と命名され，豊かな自然や個性豊かな文化と駅・街とをつなぐ「武蔵野のわ『輪・和』になりたい」という意味が込められている．ののみちは，それらをつなぐ「武蔵野のみち」を目指している．

写真3-9　ののみちヒガコの中心施設「コミュニティステーション東小金井」

住宅エリアに位置していることから，保育園や病院，地域交流施設や公園など，生活に関わるものが多いのが特徴である．「地域の暮らしの拠点」という新たな高架下空間の役割を付け加えた点でも高く評価される．

高架橋の概要[11)]

本高架橋は，JR中央線三鷹～立川間の連続立体交差化事業に伴う在来線複線区間の高架化により建設された．**第2編**で詳しく述べられているように，標準部の橋梁形式は，3径間もしくは4径間連続のビームスラブ式RCラーメン高架橋であり，支間長は一般的な鉄道高架橋よりも長めの15mとなっている．また直角方向は，2柱式と3柱式の区間があるが，用地上の制約からどちらも工事用車両が通行できるように，柱の純間隔は3.6mとなっている．そして高架橋どうしは，背割り式により接続されている．一方，架道橋部は3径間連続のPRCラーメン高架橋が用いられている．

縦梁は，両端に半径R＝21,000の円弧によるハンチが設けられている．直

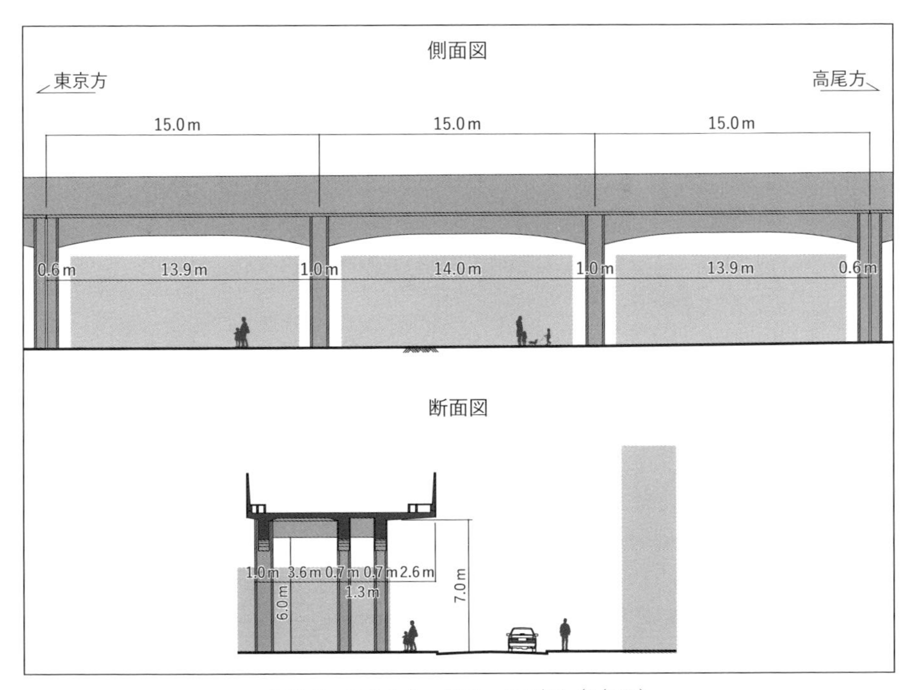

図3-5　ののみち　側面・断面図（1/400）

角方向は，北側に大きな張出し部を有しているのが目立った特徴である．

高架橋と高架下空間の関係

東小金井駅から武蔵境駅方面に向かうと，高架橋に沿って並ぶ白いフレームが見えてくる．これが，2016（平成28）年にグッドデザイン賞特別賞を受賞した，ののみちヒガコの中心施設「コミュニティステーション東小金井」である（**写真3-9**）．

フレームの奥には，適度なスペースを確保したうえでコンテナが配置され，レストラン・カフェや雑貨屋が店を構える．コンテナ前面のスペースは，オープンテラスや商品のディスプレイスペースとして使われており，設計者が目指した「賑わいが溢れるような路地状の空地」が実現されている．中心部の広場では，様々なイベントも行われ，まさに「地域に暮らし，地域で営む．地域の人たちが主役になってみんなでつくる地域共創型の商業施設」という，コミュニティの拠点となる新しい商業施設のあり方を具現化している．

ちなみに白いフレームと，高架橋の橋脚との位置はずれているが，逆にこれによって，フレームと橋脚が重層的に重なり合い，空間にスケール感を与

写真3-10　2019年にオープンした「MA-TO」の広場空間

表3-5　ののみち　諸元

鉄　道 高架橋	位置	JR中央線三鷹～立川間高架橋
	竣工年	2010（平成22）年
	構造形式	背割り式RCラーメン（ビームスラブ式）
	橋長（ブロック長）	45 m，60 m
	桁下空頭	約6 m
高 架 下 空間施設	開業年	2014（平成26）年
	施設延長	約2,000 m
	高架脇土地利用	道路／民地

える働きをしているように感じられる．

ただ高架下空間のデザインは区間によって異なっており，武蔵境駅付近のののみちサカイでは，橋脚間にひとつのコンテナを配置するデザインとなっている．こちらは，コンテナの前面が橋脚よりも道路側に飛び出ているため，橋脚がコンテナに隠されて，反復する眺めは得られにくくなっている．

ののみちで特徴的なのは，大きな張出しスラブが設けられている点である．桁下を歩行空間にすることで，快適で安全に歩ける道を提供している．こちらも鉄道敷地であることを活かして，それぞれの店舗がおもてなしの空間を演出している．

また，コミュニティステーション東小金井や，食とものづくりのシェア施設MA-TO（マート）をはじめとして，高架下空間に施設に囲まれた小さな広場空間を確保しているのも特徴である．コミュニティステーション東小金井では高架下の施設で挟むことで，MA-TOでは高架下の施設を高架橋に対して斜めに配置することで，施設と一体的に利用されるスペースを確保している．

3-5　東急東横線×中目黒高架下

鉄道橋特有の反復を巧みに取り入れた高架下空間

中目黒高架下は，耐震補強工事を契機に2016（平成28）年に開業した東急東横線中目黒駅付近の高架下施設である．目黒川から中目黒駅を挟み，祐天寺駅方面へと続く高架下（約700 m）をひとつの屋根に見立て，「SHARE

(シェア)」をコンセプトに企画された.

個性あるさまざまな店舗が空間をシェアすることで,「中目黒らしい街の楽しみ方」ができる新しい商店街として,中目黒の新たなカルチャーの発信地となることを目指している.

高架橋の概要[6), 7), 12)]

本高架橋は,東横線中目黒駅を起点として祐天寺駅方面に向かって約700mの高架区間である.東急電鉄東横線の前身である東京横浜電鉄は,1927(昭和2)年に渋谷〜丸子多摩川(現多摩川)間を開業したが,本高架橋は渋谷高架橋の一部区間として1926(大正15)年に竣工した.渋谷高架橋を設計したのは鉄道高架橋の黎明期に腕を振るった阿部美樹志であり,路線や時期,ディテールも同じであることから阿部が関与しているものと思われる.「東京横浜電鉄沿革史[12)]」には,使用用地の節約,高架下空間の利用,都市の美観保持,騒音・振動の低減の観点から,高架橋は全て鉄筋コンクリートラーメン構造を採用したと記されている.

玉川電鉄中目黒線(渋谷橋〜中目黒間,1967年に廃止)も同じタイミング

写真3-11　中目黒高架下の店舗と敷地内オープンテラス(目黒川側)

で開業したが，その後，1964（昭和39）年に営団地下鉄日比谷線が延伸されると，駅が相対式2面2線から現在の2面4線に拡張された．

本高架橋は，3～7径間連続のビームスラブ式RCラーメン高架橋であり，線路方向の支間長は約6.7mである．そして高架橋どうしは，ゲルバー式により接続されている．直角方向は2柱式と4柱式からなる．また，柱は耐震補強（RC巻立て）されている．

高架橋と高架下空間の関係

高架下空間は，中目黒駅を挟み，目黒川方面と祐天寺方面の大きく2つに分かれており，両者で外観の雰囲気が異なる．

中目黒駅の正面改札を出て，山手通りの向こうに見えるのが目黒川方面で，川の対岸までの約100mの区間となっている．2面4線のホーム下のため高架橋の幅が25mとやや広めなことに加え，改札から横断歩道を渡りスムーズにアクセスできるよう中通路＋まち側のスタイルが選ばれている．施設の外観は，それぞれの店舗で大きく異なっているのも特徴で，まち側から高架橋の構造を視認するのは難しい．しかし中に入るとその印象は一変し，ライトアッ

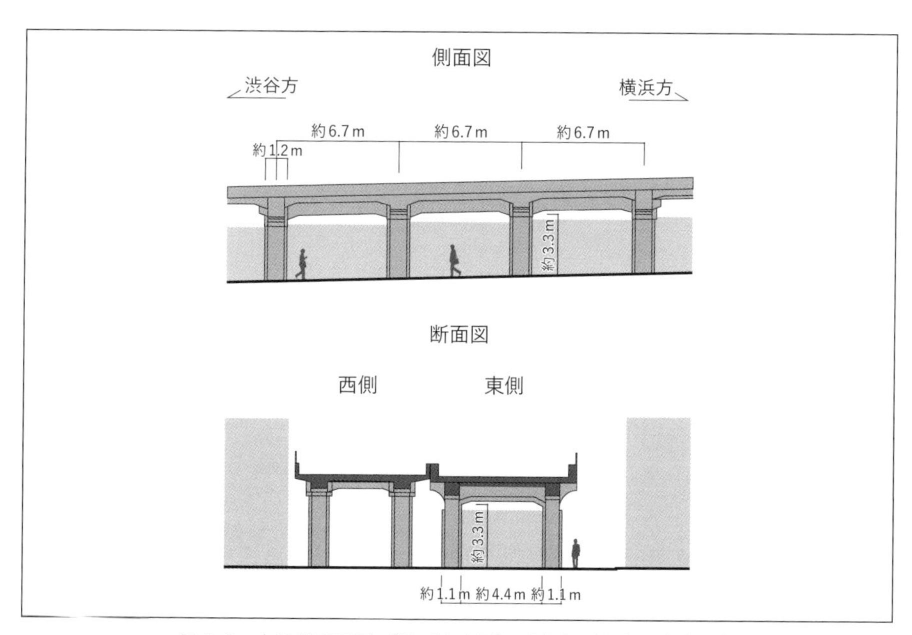

図3-6　中目黒高架橋（祐天寺方面）側面・断面図（1/400）

写真3-12　中目黒高架下（目黒川側）の内部空間

表3-6　中目黒高架下　諸元

鉄　道 高架橋	位置	東急東横線中目黒～祐天寺間高架橋
	竣工年	1927（昭和2）年
	構造形式	ゲルバー式RCラーメン（ビームスラブ式）
	橋長（ブロック長）	約14～約20 m
	柱中心間隔	線路方向 約6.7 m，約7.3 m，直角方向 約3.3～約5.5 m
	桁下空頭	約3.5～約4.8 m
高 架 下 空間施設	開業年	2014（平成26）年
	施設延長	約2,000 m
	高架脇土地利用	道路／民地

プの仕方は異なるものの，2k540 AKI-OKA ARTISANと同じく高架橋の構造を見せるデザインとなっている．また飲食店では，建物をセットバックし敷地内にオープンテラスを設けるなど，まちに開いた高架下空間となっている．

一方，改札を出て祐天寺方面に600 mほど続くのが祐天寺方面区間である．

こちらの区間では，中通路はなく，まち側に店舗入口を設ける構成となっている．橋脚に記された柱番号が50からは阿部美樹志らしい雰囲気のRC

写真3-13　祐天寺方向に延びる中目黒高架下

ラーメン高架橋のゾーンとなるが，施設が橋脚よりも内側に配置され，さらに桁と施設に隙間がないしつらえへと変化する．これにより，昼間は橋脚の反復する様子が印象的な眺めが生まれている（**写真3-13**）．なお，ここでも施設の前面スペースが，鉄道敷地であることを利用して，植栽を配置したり，各店舗の工夫により椅子が設置されたりしており，まちに開いた高架下空間となっている．

3-6　京急本線×日ノ出町・黄金町エリア

エリアマネジメントで，地域イメージをガラリと変えた高架下空間

京急電鉄の日ノ出町駅から黄金町駅にかけた一連の高架下施設は，2008（平成20）年の「日ノ出スタジオ」と「黄金スタジオ」以降，継続的に拡大している．

もともと大岡川の水運を利用した問屋街だった黄金町は，戦後間もなく高架下空間に違法の風俗店街が生まれ，1960年代には売春に加え拳銃や麻薬取

引の街として映画に描かれるほどであった．2002（平成14）年の高架橋の耐震補強を機に，風俗店の立ち退きに取り組んだものの，逆に風俗店が増え日ノ出町周辺まで広がる結果となった．危機意識の高まった住民たちは住民組織を立ち上げ，2004（平成16）年に警察により違法風俗店の一斉摘発が行われた．

その後，街のイメージを変えるために，高架下空間を地域づくりに活かす試みが始められた．最初の取組みが，2008（平成20）年につくられたアートやまちづくり活動をおこなう「日ノ出スタジオ」と「黄金スタジオ」である．同時に「黄金町エリアマネジメントセンター」が発足し，さまざまに活動を展開している．

2011（平成23）年から2012（平成24）年にかけて新たな高架下スタジオや，大きな階段のある「かいだん広場」をオープンした．さらに2018（平成30）年には宿泊施設，水上アクティビティー拠点などで構成される複合施設「Tinys Yokohama Hinodecho／タイニーズ横浜日ノ出町」が，2020（令和2）年には「日ノ出町フードホール」が開業している．前者は，大岡川桜桟橋に

写真3-14　大岡川の水辺の拠点でもあるタイニーズ横浜日ノ出町

隣接しているため，SUPなどの水上アクティビティ利用者向けの設備を備え，水辺利用の活動拠点としての役割も果たしており，魅力的な地域資源を活かした空間になっている．

高架下空間を活用した地域再生の取組みであり，高架下空間の新しい可能性を示しているといえよう．

高架橋の概要[13)]

本高架橋は，昭和初期に京浜急行電鉄の前身である京浜電気鉄道の支援を受けた湘南電気鉄道により建設されたものである．1930（昭和5）年4月にまず黄金町から浦賀間，金沢八景から湘南逗子間が開通し，同年12月に京浜電気鉄道が日ノ出町までの延伸を果たし，横浜から浦賀までの直通運転が開始された．

構造形式は，主として3径間または4径間連続のビームスラブ式RCラーメン高架橋であり，線路方向の柱純距離は約5.5m，直角方向は3柱式で柱純距

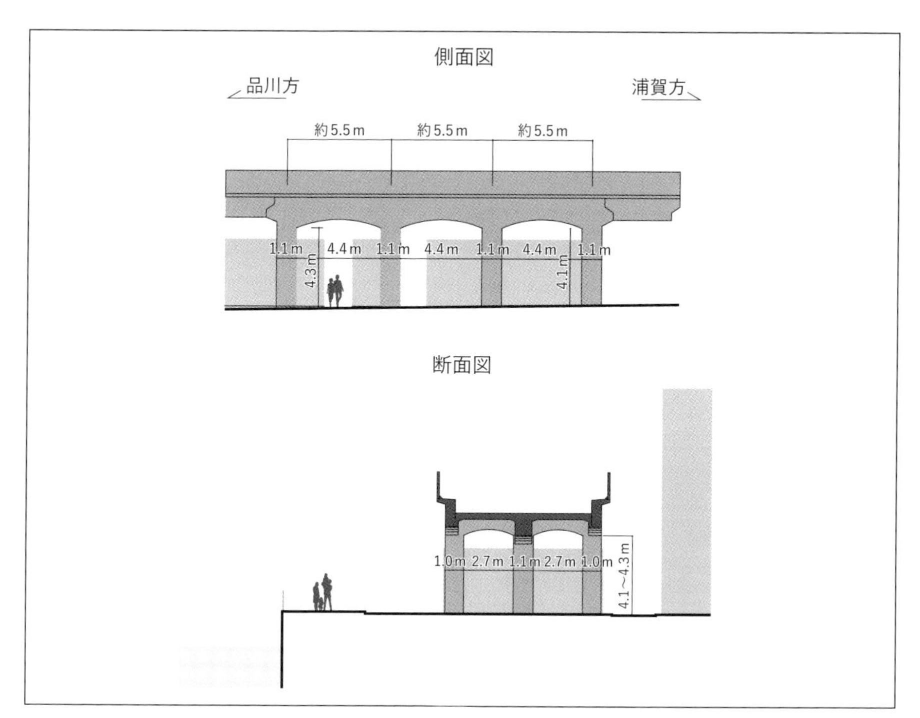

図3-7　日ノ出町・黄金町エリア　側面・断面図（1/400）

離は約2.7mである．そして高架橋どうしは，ゲルバー式により接続されている．

その後，2002（平成14）年に耐震補強が実施され，柱はRC巻立て工法と鋼板巻き工法，縦梁と横梁はアーチサポート工法が採用された．縦梁は補強後にアーチ状の外観となることが特徴である．

写真3-15　橋脚を包むガラスの箱が特徴的な日ノ出町スタジオ

表3-7　日ノ出町・黄金町エリア　諸元

鉄道高架橋	位置	京急本線日ノ出町〜黄金町区間高架橋
	竣工年	1930（昭和5）年
	構造形式	ゲルバー式RCラーメン（ビームスラブ式）
	橋長（ブロック長）	約17.5〜約23m
	柱中心間隔	線路方向 約5.5m，直角方向 約3.8m
	桁下空頭	約4.3m
高架下空間施設	開業年	2008（平成20）年
	施設延長	約1,000m
	高架脇土地利用	両側道路，片側民地

高架橋と高架下空間の関係

日ノ出町駅から大岡川沿いを上流方面に歩くと見えてくるのが，京急電鉄の列車を模したような外観の「日ノ出町フードホール」である．その先には，最初に整備された「日ノ出町スタジオ」がある．高架橋を包み込むようなガラスウォールによるデザインで，昼間は橋脚がところどころ施設に隠されているため，高架下空間のほうが主役になっている．しかし夜になると，ガラスウォールの内側にある橋脚が照らされ，高架橋の姿が浮かび上がってくるのが特徴的である．

3-7　東急池上線×池上線五反田高架下

橋脚をあえて見せるデザインで，鉄道高架橋の魅力も引き出した高架下空間

池上線五反田高架下は，2018（平成30）年に開業した東急池上線五反田駅から大崎広小路駅間の230 mの高架下施設である．トレッスル橋下と2012（平成24）年に開業した「五反田桜小路」と，2018（平成30）年に追加され

写真3-16　ガラス張りのファサードと路地のある五反田高架下

た施設で構成されている．なお新たな施設は，ガラス張りのファサードで，高架橋の橋脚をあえて見せるデザインにより，スタイリッシュで開放感のある空間を実現しており，2018年のグッドデザイン賞を受賞している．

高架橋の概要[6),7),14)]

本高架橋は，池上線の五反田駅から大崎広小路駅に至る約300mの高架区間の一部をなす大崎高架橋である．東急電鉄池上線の前身である池上電気鉄道は，1922（大正11）年に蒲田～池上間を開業した．そのまま目黒駅まで延伸し山手線と接続する予定だったが，目黒蒲田電鉄と競合したため，目的地を五反田駅に変更することになり，1927（昭和2）年に五反田駅より300mほど手前の大崎広小路駅までを開業した．その先は民家が密集しているうえにすべて高架橋であったことから工事が難航し，約8カ月後の1928（昭和3）年に五反田～蒲田間が全通した．

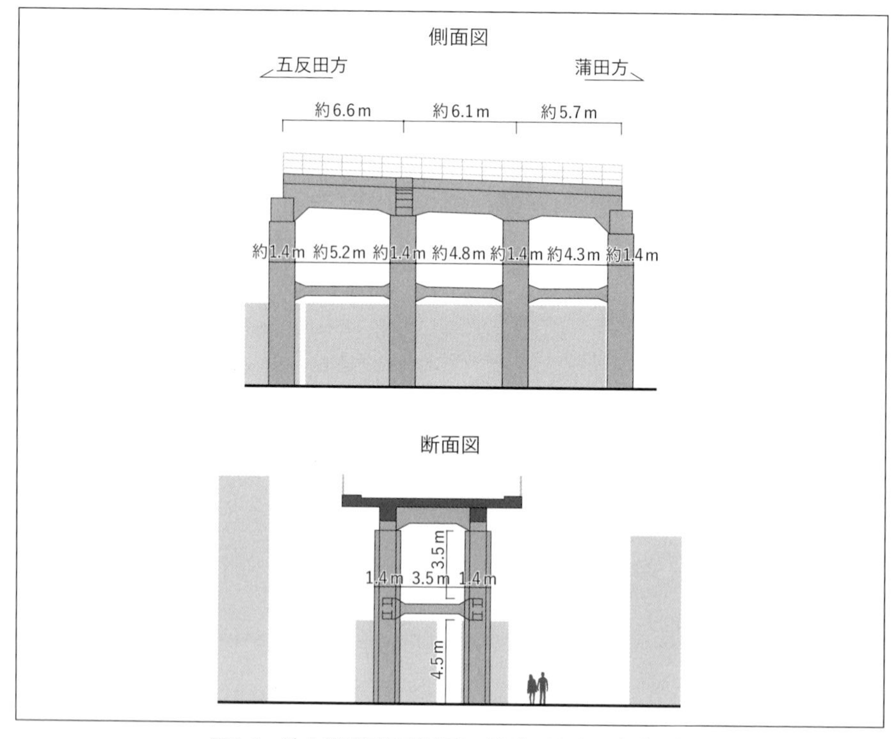

図3-8　池上線五反田高架下　側面・断面図（1/400）

表3-8　池上線五反田と高架下　諸元

鉄　道 高架橋	位置	東急池上線五反田～大崎広小路間高架橋
	竣工年	1928（昭和3）年
	構造形式	ゲルバー式RCラーメン（ビームスラブ式）
	橋長（ブロック長）	18.8 m
	柱中心間隔	線路方向 約5.7～約6.6 m，直角方向 約4.9 m
	桁下空頭	約4.5 m
高 架 下 空間施設	開業年	2018（平成30）年
	施設延長	約230 m
	高架脇土地利用	両側道路

なお五反田駅は地上4階という異様な高さにホームが設けられているが，これは計画当初に山手線を乗り越え，白金や品川まで延伸することを目論んでいたからである．そのため大崎高架橋もまた，背の高い2層構造のRCラーメン高架橋となっている．

構造形式は，3径間または8径間連続のビームスラブ式RCラーメン高架橋であり，線路方向の支間長は約5.7～6.6 mである．そして高架橋どうしは，ゲルバー式により接続されている．直角方向は2柱式もしくは3柱式で柱純間隔は約3.5 mだが，2 mほどの張出しがついており幅は約10 mとなっている．

なお，2013（平成25）年に耐震補強が実施され，柱はRC巻立てがなされている．

高架橋と高架下空間の関係

五反田駅を降り，トレッスル橋を見ながら目黒川を渡った先にある高架下空間が「五反田桜小路」である．そのまま大崎広小路駅方向に50 mほど進むと，高架橋を包み込むガラスウォールによる施設が，池上線五反田高架下（新規店舗）だ．

基本的に街路側からアクセスする構成となっているが，店舗内部にも線路方向に移動できる動線が確保されている．街路には歩道がないこともあってか，やや長めの施設の庇の下に通路を確保し，佇むスペースとしても活用している．日ノ出町スタジオと同じように昼間は橋脚が目立たないが，夜になると店舗の明かりが橋脚も照らし，ガラスウォール越しに橋脚がよく見えるようになるのが特徴的である．

3-8　京急本線×梅森プラットフォーム

直上工法による背の高い高架橋，町工場文化も継承する立体的な高架下空間

梅森プラットフォームは，2019（平成31）年に開業した京急本線大森町から梅屋敷間の高架下スペースである．「京急沿線が潜在的に持つものづくりの可能性を最大化し，新たなカルチャーとクリエイティブを生み出す拠点」になることを目指すものづくり複合施設である．高架下空間には，クリエイターの拠点となるコワーキング施設や地元の町工場を受け入れる工房や，高架下で働く人々や地域住民の憩いの場となる飲食店舗等を整備している．

高架橋の概要[15)]

本高架橋は，京急蒲田駅付近連続立体交差化事業にて，道路と鉄道の連続的な立体交差化により構築されたものである．2001（平成13）年に工事が着手され，2012（平成24）年に全線高架化された．

写真3-17　高架橋の高さを活かした梅森プラットフォーム

対象エリアは密集市街地や幹線道路が隣接している都市部であり，鉄道運行を維持しながら狭隘な現場で施工するという厳しい制約条件を受けていた．限られた作業時間で高架橋を構築するため，営業線の真上に高架橋を構築する直接高架工法（直上工法）および高架橋の全部材（梁・柱・スラブ）のプレキャスト化が採用された．これにより，仮線用地の取得を待たずに狭隘な現場での施工が可能となった．

3径間と4径間連続のビームスラブ式RCラーメン高架橋が主体であり，線路方向の支間長は10mである．直角方向は2柱式となっている．そして高架橋どうしは，ゲルバー式により接続されている．なお直上工法で施工されているため，仮線工法で構築される高架橋よりも直角方向の柱間隔は広く桁下空頭が高いのが特徴である．

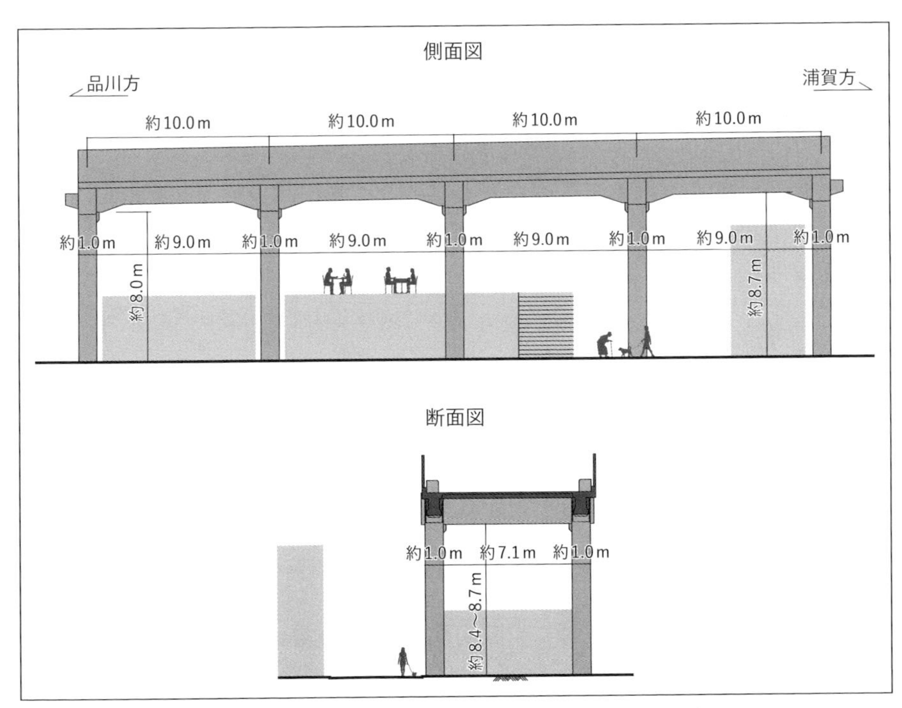

図3-9　梅森プラットフォーム　側面・断面図（1/400）

表3-9　梅森プラットフォーム　諸元

鉄　道 高架橋	位置	京急本線大森町～梅屋敷区間高架橋
	竣工年	2012（平成24）年
	構造形式	ゲルバー式RCラーメン（ビームスラブ式）
	橋長（ブロック長）	30m，40m
	柱中心間隔	線路方向10.0m，直角方向8.1m
	桁下空頭	約8m
高架下 空間施設	開業年	2019（平成31）年
	施設延長	約300m
	高架脇土地利用	片側道路，片側民地

高架橋と高架下空間の関係

梅屋敷駅で降り大森町方面に向かうと，すぐに見えてくるのが梅森プラットフォームである．さらに100mほど進むと，セットバックした建物と植栽やベンチのあるオープンスペースが現れる．ここが，梅森プラットフォームの一部である，コワーキングスペース・コーカである．2階建てのコワーキングオフィスや，コンテナの屋上を利用したテラス，3Dスキャナーやレーザーカッターなどを備えた工房が並んでいる．大田区の町工場文化を現代風に継承・進化させた高架下空間だということができよう．

梅森プラットフォーム全体では区間によりデザインが異なる課題もあるが，本書で取り上げた高架橋の中で最も大きい8.7mという桁下空間をうまく活かし，開放感を確保しながらも立体的な空間利用がなされている．

その路地的な空間は，鉄道敷地であることを利用して，植栽を配置したり，各店舗の工夫により椅子が設置されたりしている．

3-9　東武スカイツリーライン×東京ミズマチ

浅草と東京スカイツリーの動線に位置する，水辺と公園と一体の高架下空間

東京ミズマチは，2020（令和2）年に開業した高架下空間である．浅草と東京スカイツリーを結ぶ動線に位置し，北十間川と隅田公園に面している．東京ミズマチという名は，東京スカイツリーの足元の東京ソラマチと対応したものとなっている．

写真3-18 北十間川に面した東京ミズマチ

高架下空間には，水辺空間を活かしたコミュニティ型ホステルや，隅田公園と北十間川と一体化したレストラン，スポーツと一緒にカフェが楽しめる開放的な施設が設けられている．

なお，浅草と東京ミズマチをつなぐ「すみだリバーウォーク」は，東武スカイツリーラインの隅田川橋梁に設けられた歩道であり，エリアの回遊性を高める装置として興味深い．

高架橋の概要 14), 16)

本高架橋は，東武鉄道伊勢崎線（現東武スカイツリーライン）の旧隅田公園駅の跡地である．1931（昭和6）年の業平橋～浅草雷門開業時に，関東大震災の復興計画によりつくられた隅田公園の最寄り駅として開業した．相対式2面2線のホームをもつ高架駅であったが，戦時中の1943（昭和18）年に営業停止となり，1958（昭和33）年に正式に廃止となった．その後，跡地は倉庫等として利用されていた．

本高架橋は，桁式高架橋とラーメン式高架橋で構成されている．桁式高架橋は橋長約8.5mの単純鋼製ガーダー橋とRC門型ラーメンとなっている．ま

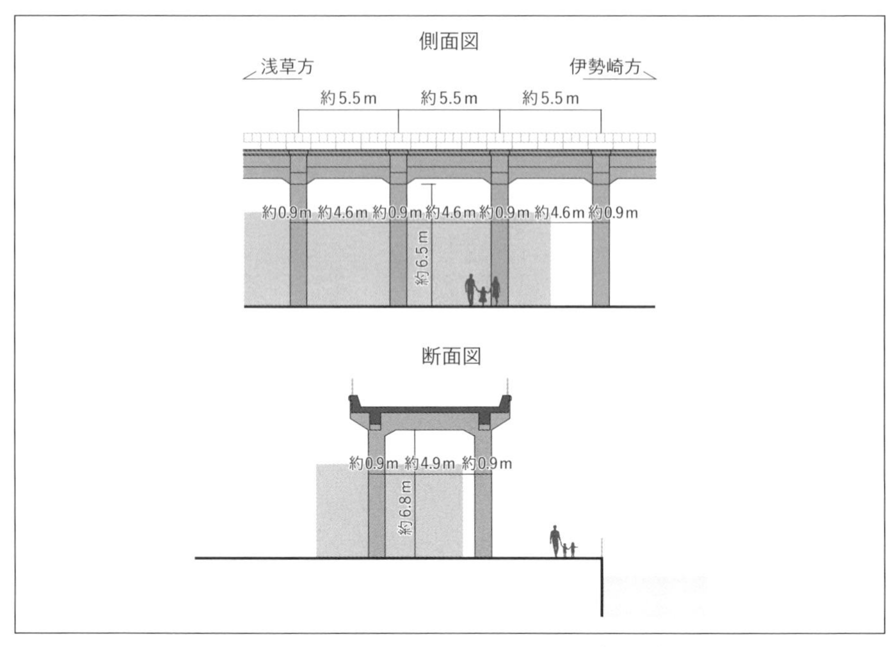

図3-10　東京ミズマチ　側面・断面図（1/400）

写真3-19　北十間川の反対側では隅田公園に接している

表3-10　東京ミズマチ　諸元

鉄道高架橋	位置	東武スカイツリーライン線浅草～とうきょうスカイツリー区間高架橋
	竣工年	1931（昭和6）年
	構造形式	ゲルバー式RCラーメン（ビームスラブ式）
	橋長（ブロック長）	約17.4 m
	柱中心間隔	線路方向 約5.5 m，直角方向 約5.8 m
	桁下空頭	約6.8 m
高架下空間施設	開業年	2020（令和2）年
	施設延長	約400 m
	高架脇土地利用	道路／河川

たラーメン式高架橋は3径間連続のビームスラブ式RCラーメン高架橋であり，直角方向は2柱式である．高架橋どうしは，ゲルバー式により接続されている．また，柱は耐震補強（RC巻立て）されている．

高架橋と高架下空間の関係

東武浅草駅を降り，隅田川に向かって進むと，東武鉄道の隅田川橋梁に併設された「すみだリバーウォーク」が見えてくる．スカイツリーを眺めながら橋を渡ると，もう東京ミズマチである．関東大震災の三大復興公園のひとつである隅田公園と高架橋の間は車道だったが，今回の整備に合わせて歩行者空間化された．また，公園の逆側も，北十間川の遊歩道となっており，公園と水辺が一体となった気持ちの良い高架下空間が生まれている．

4. 高架橋の構造と高架下空間の利用形態の関係[17)]

本章では，3章で取り上げた事例をもとに，高架橋の構造と高架下空間の利用形態の関係についてみていこう．注目するのは2点で，一つ目は高架脇の土地利用や高架橋へのアクセス方法によるまちへの開き方といった，まちと高架橋・高架下空間の関係である．そしてもう一つは，施設配置に注見した高架橋と高架下施設の関係である．

4-1 まちとの関係からみた高架橋と高架下空間

(1) 高架脇の土地利用にみるロケーション

まずは，高架下空間のロケーションに関わる高架橋の両脇の土地利用につい

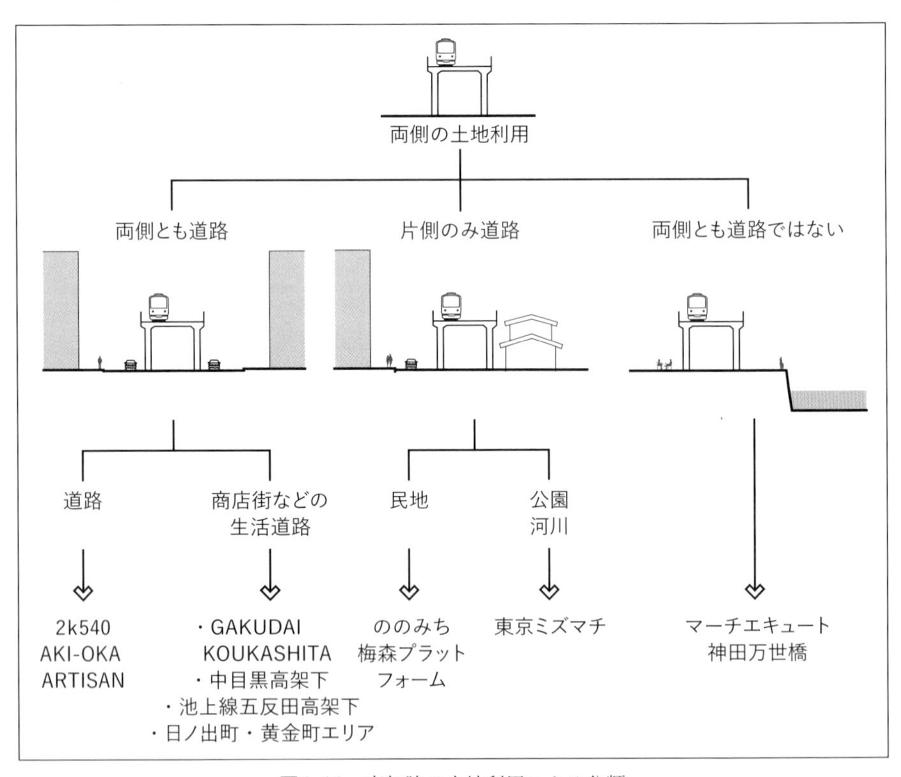

図3-11　高架脇の土地利用による分類

てみていこう．道路に注目して分類すると，**図3-11**に示すように「両側ともに道路」，「片側のみ道路」，「両側ともに道路以外」の大きく3つのパターンに分けることができる．道路にも2つのタイプがあり，GAKUDAI KOUKASHITAや中目黒高架下のように商店街といった生活道路の場合と，2k540 AKI-OKA ARTISANや，ののみちのように歩車道が分離された道路の場合がある．

特に興味深いのは，東京ミズマチの取組みだ．以前は車道だった高架脇の道路を高架下の整備に合わせて遊歩道化することで，隣接する隅田公園と高架下の一体空間を生み出している．さらに，逆側の北十間川を活かし水辺のプロムナードとすることで，水辺・高架下空間・公園がひとつにつながる魅力的な空間をつくり出している．

この東京ミズマチに引けを取らないロケーションを持つのが，「両側は道路以外」のマーチエキュート神田万世橋である．高架橋自体の価値の高さもさることながら，南側はかつての駅舎・駅前広場という鉄道敷地で，北側は神田川に面する絶好のロケーションとなっている．この空間を活かし両側ともにオープンテラスを設けた，人が主役となる空間をつくり出している．

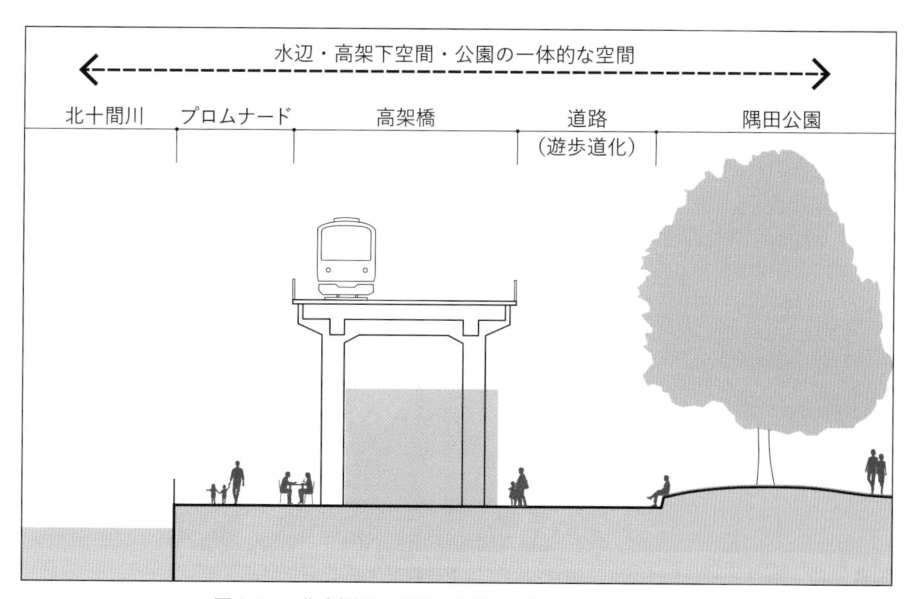

図3-12　北十間川・隅田公園と一体となる高架下空間

写真3-20　大きな張出しの桁下を歩行空間化しているののみち

写真3-21　施設をセットバックし敷地内に広場を確保している梅森プラットフォーム

写真3-22　公園と一体となったチューリッヒの高架下空間

その一方で，高架橋が道路に面する場合には，どうしたらよいのかという問いに答えてくれているのが，ののみちである．2.6mという長い張出しスラブの桁下を歩行空間にすることで，日差しや雨を気にせずに通行できる（**写真3-20**）．しかも鉄道敷地のため，通常の道路とは異なり道路管理者や警察の許可を受けなくても，テーブルやイスなどを設置でき，利用客・施設運営者の双方にとって使い勝手の良い空間になっている．

類似した手法は，GAKUDAI KOUKASHITAや中目黒高架下（目黒川側），梅森プラットフォーム（**写真3-21**）などにもみることができ，柱より内側に施設をセットバックし鉄道敷地内にオープンスペースを確保することで，賑わいを演出できることを示している．

ちなみに，**写真3-22**は，スイスのチューリッヒの中心部で，近年再開発が盛んに行われているZürich westに位置する「IM VIADUKT」という高架下空間である．1894年に建設されたスイス国鉄の高架橋の活用提案を求め，2004年にコンペが実施され，チューリッヒを拠点に活躍するEM2Nという建築設計事務所の案が最優秀賞に選定された．その後，2005～2008年に設計が行われ，2010年に開業した．約600 mの整備区間のうち，4分の1の約150 mの区間がヨーゼフヴィーゼ（Josefwiese）と呼ばれる公園に面しており，高架下のレストランやカフェ，ショップと，公園が一体となった魅力的な場所になっている．

このようにみていくと，魅力的な高架下空間を目指すには，沿線のまちの魅力を引き出す場所選びと，さまざまな活動が生まれる鉄道敷地内のオープンスペースの確保が重要だといえそうだ．

(2) 高架下施設へのアクセス方法とまちへの開き方

次に注目したいのが，まちとの関係に大きな影響を与える高架下施設へのアクセス方法である．**図3-13**に示すように「まち側」，「中通路側」，「まち側・中通路側両方」の3つのパターンがみられた．

今回の事例では，まち側に施設の入口を設けるものが最も多かった．また**図3-13**を見てもらうとわかるように，高架橋の幅が10 mを越えると，中通路を設ける傾向がみられる．

その一つである2k540 AKI-OKA ARTISANは，施設入口が基本的に中通路側のみとなっている．そのため，まちに対して閉じた高架下空間という印象が強い．これは高架下の内部空間の雰囲気を重要視したことによると考えられるが，開業後10年が経過した現在，周辺に目立った変化が起きていないのは，このまちに閉じた高架下空間であることも影響していると思われる．

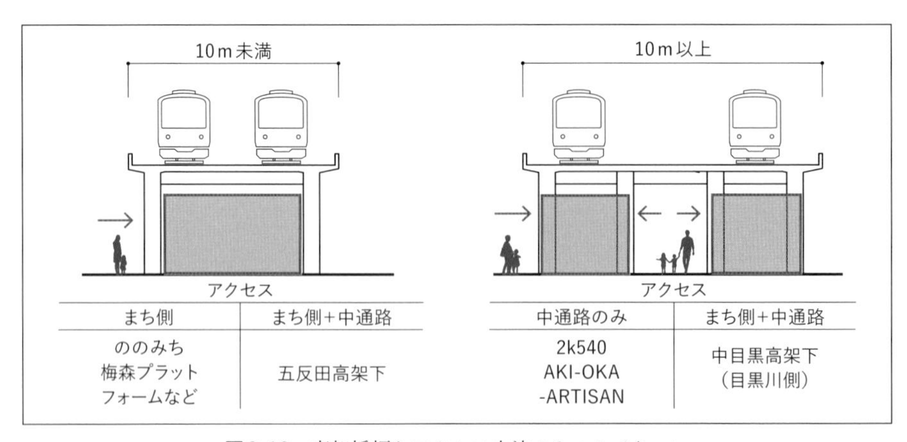

まち側	まち側+中通路
ののみち 梅森プラットフォームなど	五反田高架下

中通路のみ	まち側+中通路
2k540 AKI-OKA -ARTISAN	中目黒高架下 （目黒川側）

図3-13　高架橋幅とアクセス方法の3つのパターン

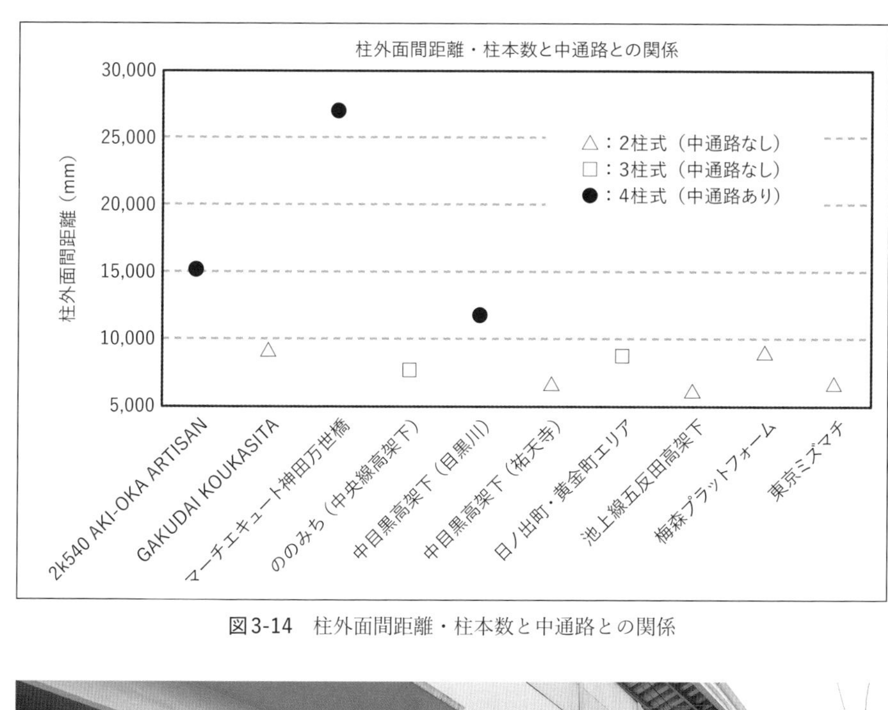

図3-14　柱外面間距離・柱本数と中通路との関係

写真3-23　中目黒高架下（目黒川方面）

一方で中通路に加え，まち側にも施設入口を設けている「まち側・中通路側両方」の事例は，中目黒高架下（目黒川方面）と池上線五反田高架下，マーチエキュート神田万世橋である．中目黒高架下（目黒川方面）は，橋脚をライトアップすることで印象的な内部空間を生み出している点は，2k540 AKI-OKA ARTISANと同じだが，同時に外壁をガラスウォールにし道路側に入り口も設けることで，まちに開きつつ，内部空間の雰囲気も確保している事例である．池上線五反田高架下もまた，ガラスウォールと道路側入口を設けており，こちらもまちに開いた好事例となっている．

まちづくりの一環として高架下空間の整備を行うことが増えていることを考えると，高架下の施設をいかにまちに開くかが，まちづくりの効果を高める重要な鍵を握っているといえるだろう．

4-2　高架橋と高架下施設の関係

(1)　施設配置の3つのタイプ，包むか，包まれるか

次に，高架橋と高架下施設の関係についてみていこう．両者の関係は大きく図3-15のように3つのタイプに分けられそうだ．

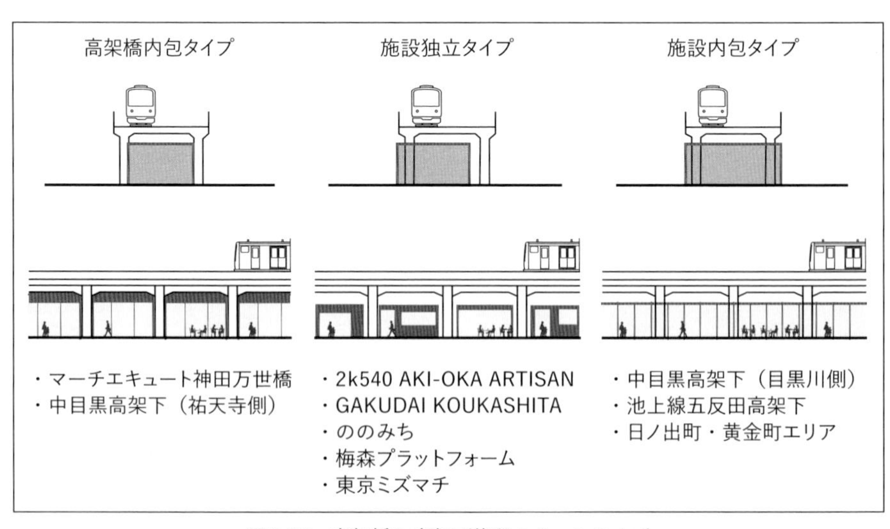

図3-15　高架橋と高架下施設の3つのタイプ

一つ目は，高架橋の下にすっぽりと施設が収まっているもので，これを高架橋内包タイプと呼ぶことにしよう．高架橋のファサードを活かし，高架橋・高架下施設を一体的にデザインしたタイプである．今回の事例では，マーチエキュート神田万世橋や中目黒高架下（祐天寺方面）がこれにあたる．両者は正確にいうと少し異なっていて，前者では高架橋のスラブが施設の天井を兼ねているが，後者では施設自体が天井を有している．ただ，どちらも高架橋と施設の間に隙間がなく，両者が分かち難く結びついているのが特徴である．

二つ目は，高架橋と施設が見た目にも独立しているタイプで，これを施設独立タイプと呼ぶことにする．2k540 AKI-OKA ARTISANやののみちをはじめ，今回の事例で最も多いタイプである．このタイプは，高架橋の柱と施設の位置関係でさらに2つに分けられそうだ．施設が柱の内側に収まっているのは，GAKUDAI KOUKASHITAやののみちヒガコで，柱よりも外側に飛び出しているのが，ののみちムサコである．また高架橋の両側で両者の関係が異なるのは，2k540 AKI-OKA ARTISANや東京ミズマチで，後ほど理由を検討することにしよう．

そして三つ目は，施設が高架橋の柱を取り込んでいるタイプで，これを施設内包タイプとする．中目黒高架下（目黒川方面）や池上線五反田高架下，日ノ出町・黄金町エリアがこれにあたる．特に，後者2つは施設の外面がガラスウォールになっている．

さて，こうした違いは，高架橋と高架下施設の見え方にどのような影響を与えるのだろうか．まず見てほしいのが，マーチエキュート神田万世橋の2枚の写真である（**写真3-24**）．昼間の写真では反復するアーチが印象的に見えるのに対し，夜の写真では，アーチによって縁取られた店舗のウィンドウが反復する主役へと変化したように感じないだろうか．ゲシュタルト心理学の「図と地」の関係でいえば，昼は高架橋が「図」だったのに対し，夜は高架下空間が「図」へと入れ替わる．つまり両者は，眺める時間によって図と地が反転する関係だといえるだろう．

この現象は，中目黒高架下（祐天寺方面）でも見られ，昼間は反復する柱や直角方向のハンチが図になっているのに対し，夜は高架橋によって縁取ら

写真3-24　マーチエキュート神田万世橋の昼と夜

写真3-25　中目黒高架下の昼と夜

れた店舗のウィンドウが「図」に変化している（**写真3-25**）．

こうした高架橋内包タイプにみられる「図と地が反転する関係」は，高架橋と高架下空間が互いに支え，引き立て合う関係だといえ，両者の理想的な関係と考えられる．

次に施設独立タイプを見てみよう．まずは，柱よりも内側に施設が収められている梅森プラットフォームと東京ミズマチ，ののみちヒガコに注目する．**写真3-26～28**を見るとわかるように，施設が橋脚よりセットバックしていることで，いずれも鉄道高架橋に特有の橋脚の反復が印象的である．ただ施設自体の存在感が小さくなる分，高架橋内包タイプでみられたような「図と地

写真3-26　梅森プラットフォーム

写真3-27　東京ミズマチ

写真3-28　ののみちヒガコ

写真3-29　ののみちサカイ西

が反転する関係」を生み出すには，高架下空間での追加の工夫が必要になりそうだ．

ののみちヒガコの白いフレームはそうした工夫の一つだろう．この区間は，支間が15mと鉄道高架橋としてはやや長めになっている．そのため飽きずに歩ける街並みの目安である店舗の間口5m程度と比べて，橋脚と橋脚の間がかなり広い．それに対し，面を構成するフレームを柱の前面におき，空間を分割することでヒューマンスケールな空間が生まれているといえる．

その一方で，**写真3-29**のように，柱よりも前面に施設が飛び出している事例では，施設に隠されることで橋脚の反復を感じにくく，高架橋と高架下施設が互いに引き立て合う関係になりにくい．また，梁の下面が曲線になって

写真3-30　五反田高架下の昼と夜

いるが，高架下に施設が入る場合には，橋と施設の間に微妙な隙間ができやすく，デザイン的に逆効果となっている．

最後が，施設内包タイプである．その代表格の池上線五反田高架下に注目してみよう．昼間はガラスウォールが反射することもあり，施設に内包された橋脚の存在を感じ取るのは難しく，高架橋よりも高架下空間が「図」になっている．しかし夜になると，ガラスウォールの内側がよく見えるようになり，橋脚の存在が急に浮かび上がってくる．日ノ出町・黄金町エリアの「日ノ出町スタジオ」でも同様の状況が見られる．

高架橋内包タイプほどではないが，施設内包タイプでは，昼には高架下空間が，夜には高架橋も図になる点で両者は図と地，高架橋内包タイプと逆のパターンになっているのが興味深い．

このようにみていくと，高架橋と高架下施設のデザインにおいては，どちらかが常に主役になるのではなく，時間帯や眺める位置によって主役が入れ替わり，互いに引き立て合うような関係をつくりだすことが重要だといえるだろう．

(2) 施設の壁面位置と橋脚柱位置の関係

最後に，施設独立タイプにおける施設の壁面と橋脚柱の位置関係について考えてみよう．ここには2つのタイプがあり，橋脚柱より内側に施設壁面が

写真3-31　2k540 AKI-OKA ARTISANの東側高架橋（左）と西側高架橋（右）の橋脚と店舗の位置関係

収められているものと，施設壁面が橋脚柱の外側に出ているものである．

前者の例としては，マーチエキュート神田万世橋や中目黒高架下（祐天寺側），東京ミズマチの水辺側，2k540 AKI-OKA ARTISANの西側などが該当する．いずれも橋脚柱に番号が振られており，橋脚柱の反復を施設のデザインとして積極的に取り入れているようにみえる．

そこで，これらの橋脚柱形状に注目してみると，アーチ形状のマーチエキュート神田万世橋を除いた全ての事例で，橋脚柱の線路直角方向に片持ち梁が設けられていることに気づく．特に興味深いのが，2k540 AKI-OKA ARTISANである．**写真3-31**を見比べると分かるように，橋脚の線路直角方向に片持ち梁がない東側高架橋では，店舗が橋脚より街路に飛び出していたり，柱を取り込んでいたりと，規則性が見当たらない．その一方で，橋脚の線路直角方向に片持ち梁がある西側高架橋では全ての店舗が橋脚よりも後ろに位置している．

なぜこのようなことが起こるのだろうか．都市内の鉄道高架橋は，視点場が並行する道路の場合が多く，線路方向に浅い角度で眺められることになる．そのため，線路直角方向の片持ち梁は視認性が高く，反復を強調する要素となる．高架下空間の設計者も同様のことを感じ取り，鉄道高架橋に特有の眺めを演出できるように高架下空間の施設を配置しているのではないかと思われる．

近年ではスパンが長くなる傾向があるが，高架下空間との関係でいえば支

写真3-32　橋脚による反復を高架下の空間デザインに積極的に取り入れた事例（東京ミズマチ）

間をむしろ短くし，線路方向の桁変化よりも，柱の線路直角方向に視認性の高い要素を設けることが，鉄道高架橋の特徴を活かし，高架橋と施設が一体となった風景を演出できる可能性が高いといえる．

5. まちづくり効果を生む鉄道高架橋・高架下空間のデザインポイント[17)]

本章では，まちづくりに貢献する高架下空間を生むための鉄道高架橋のデザインポイントと，まちづくりの波及効果を高める高架下空間のデザインポイント，そして両者の幸せな関係に向けた体制づくりについてまとめたい．

5-1 鉄道高架橋のデザインポイント

鉄道高架橋の大きな魅力のひとつが，鉄道橋特有の短い支間を活かした反復にあることを繰返し指摘してきた．また，鉄道敷地内に歩行空間や広場空間を設けることで，来訪者を迎え，アクティビティを誘発する装置を配置しやすくなることも指摘した．

近年の鉄道高架化のほとんどは，連続立体交差事業によるものである．その事業費の約7割を沿線自治体が負担することを考えれば，まちづくりに貢献する鉄道高架橋が求められているといえる．そこで，高架橋のデザインポイントを，高架橋どうしの接続形式，支間割，断面形状，立面形状の4つの観点からまとめていきたい．

a）高架橋どうしの接続形式

2章で紹介したように，RCラーメン高架橋の接続形式には，背割り式，張出し式，ゲルバー式の3つのタイプがある．このうち，現在の主流である背割り式は，同じ支間長を連続的に配置できることから，高架下の空間利用の観点からみても優れている．その際，背割り部とそれ以外の柱幅をできるだけ合わせることで，より反復効果を高めることができる．

b）支　間　割

街並みのファサードは，建物の間口が小さく，入口が多いほうが，楽しい歩行体験を生むといわれている．デンマークの都市デザイナーで1970年代から「人間が主役のまちづくり」を提唱していたヤン・ゲール氏は，活気のあるファサードでは100mあたり15～20カ所の入口が，親しみのあるファサードでは100mあたり10～14カ所の入口があると指摘している．

高架下空間もまた街並みをつくるファサードであり，ヤン・ゲール氏の指摘を踏まえれば，施設の間口は5〜10m程度になることが望ましい．そう考えると，高架下の空間利用が見込まれる場合には，5〜10mの支間長の鉄道

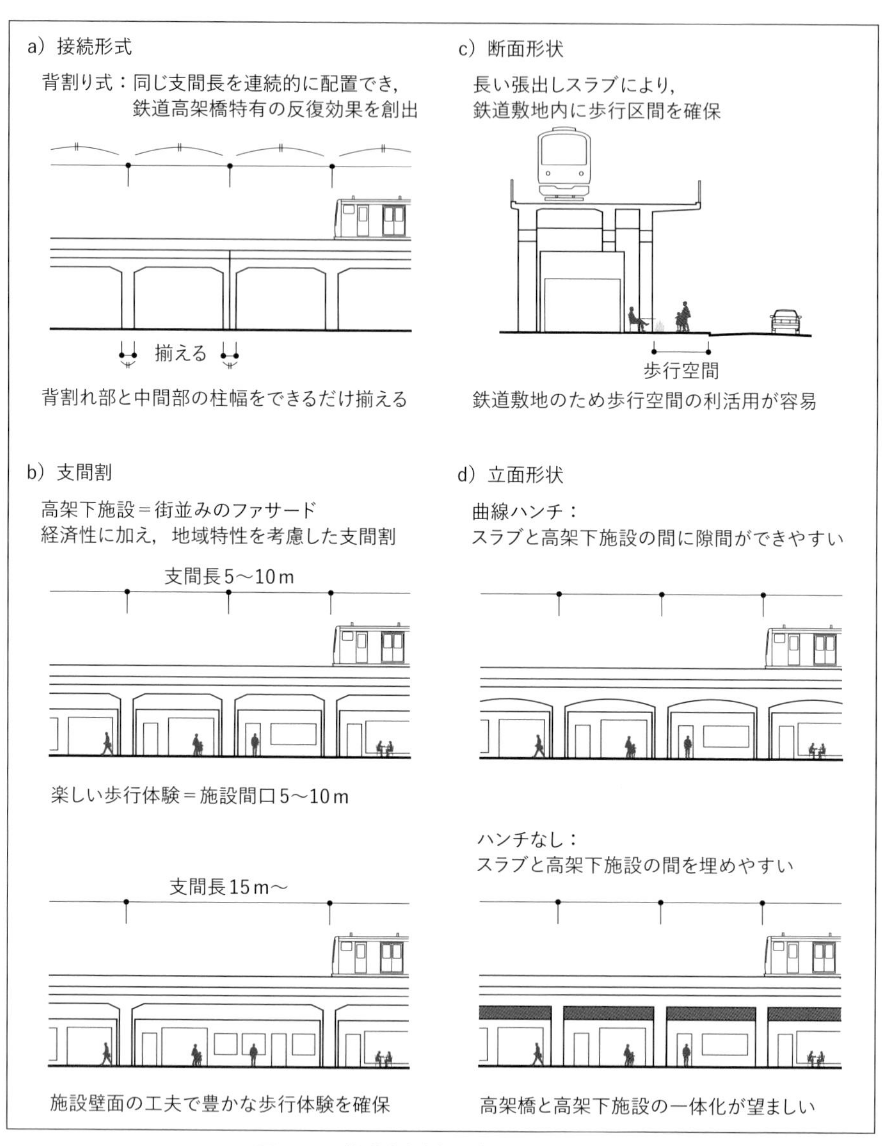

図3-16　鉄道高架橋のデザインポイント

高架橋がウォーカブルなまちをつくるうえで重要だといえそうである．

実は今回取り上げた事例は，支間10 m以下のものが多く，また近年の主流であるビームスラブ式RCラーメン橋は支間10 m程度が一般的であることから，そもそも鉄道高架橋は街並みのファサードと相性が良いといえる．

一方で，住宅エリアでは，保育園や病院など施設規模の大きな生活利便施設が立地する傾向があり，エリアによっては長い支間の方が高架下の空間利用に適した場合もある．

すなわち支間割は，これまで経済性を最優先に決定されることが多かったが，これからは地域特性に応じた高架下空間の利用形態も比較項目に加え，まちづくりの観点から総合的に決定していくことが望ましいといえよう．

そのためには，計画設計を担う鉄道事業者に加え，沿線自治体の主体的な計画への参画が重要であり，構想・計画段階において十分に議論することが大切である．

なお本書の事例で最も支間が長いのは，JR中央線高架橋の15 mであるが，その施設である「コミュニティステーション東小金井」をみると，白いフレームを配置することで反復効果を高める工夫がなされている．このように支間が長くなる場合には，高架橋もしくは施設側の工夫により反復効果を高める工夫を検討したい．

c）断面形状

RCラーメン高架橋では，線路直角方向の張出しスラブは短い傾向にある．しかし，JR中央線高架橋のように張出しスラブを長くすることで，鉄道敷地内に歩行空間や広場空間を設けることができるため，まちづくりの効果は大きい．そのため，特に高架脇の道路に歩道がない場合には，鉄道敷地内に歩行空間を確保できるよう，積極的に張出しスラブを長くとることを勧めたい．

なお，鉄道敷地内の歩行空間と，道路の歩道空間は，見た目は似ているが，ベンチやテーブルなどの滞留施設の設置のしやすさは大きく異なる．後者では占用に際し，道路管理者や警察から許可を受ける必要があるため，前者のほうが施設運営者の使い勝手に優れている．

また，柱外面間距離が10 mを超える場合には，中通路を設けるものが多いことから，張出しスラブを長くとるか，偶数の柱本数にすることも検討したい．

d）立 面 形 状

今回の事例をみると，高架下の空頭高さが5m以下の場合には，施設とスラブの間が隙間なく利用されているものがほとんどであった．また，高架橋内包タイプによる高架橋と施設の一体化を図るうえでも，施設とスラブの間に空隙がでにくい縦梁にすることが望ましく，その点で直線ハンチかハンチなしにすることを勧めたい．

5-2　高架下空間のデザインポイント

3章では，まちと鉄道高架橋，高架下空間の関係について取り上げたが，そこでのキーワードは，高架下空間のロケーションと，高架橋と施設の位置関係であった．ここでは，その2つの観点から，高架下空間のデザインポイントをまとめていきたい．

a）隣接する敷地との境界をぼかすデザイン

マーチエキュート神田万世橋や東京ミズマチ，スイス・チューリッヒのIM VIADUKTでは，隣接する水辺や公園をうまく取り込み，高架下空間との一体化が図られている．特に東京ミズマチでは，高架橋と公園の間の車道を遊歩道にすることで，高架下空間と道路，公園の境界をあいまいにし，空間全体を一体化することに成功している．

1章で高架橋と高架下空間は連句的関係にあると述べたが，両者は周辺とも連句的関係にあるといえ，隣接する空間の魅力を引き出す高架下空間の立地選定や空間デザインを考えることが重要である．

b）高架橋と施設の位置関係

3章の事例比較を通じて，高架橋と施設の関係は，どちらかが常に主役になるのではなく，むしろ時間帯や眺める位置によって主役が入れ替わり，互いに引き立て合うような関係が理想だと指摘した．

両者の位置関係には3つのタイプがあることも指摘したが，それぞれのデザインポイントについて記しておきたい．

まず高架橋内包タイプについては，昼は高架橋が図となり，夜は高架下空間が図となるためには，施設内の明かりが外にこぼれる高架下施設の壁面デザインが望ましい．また施設内包タイプでは，高架橋内包タイプとは逆に，昼は高架下空間が，夜は高架橋も図となるため，ガラスウォールを用いた高架下施設の壁面デザインで施設内をよく視認できる工夫を提言したい．最後が，施設独立タイプで，橋脚柱位置より内側にセットバックすることで，鉄道高架特有の反復効果を引き出すことができる．

5-3　都市計画・土木・建築の連携でまちづくり効果を高める

本編の冒頭で，高架橋と高架下空間は連句的な関係で，土木には高架下の空間利用を想い高架橋を設計する心持ちが，それに続く建築には高架橋の魅力も引き出す高架下空間を設計する心持ちが必要だと述べた．しかし，事例の分析でみえてきたのは，そこに都市計画も加える必要があるということだ．すなわち，都市計画を担う沿線自治体，土木を担う鉄道事業者，建築を担う高架下施設管理者の連携が，まちづくり効果の高い高架橋・高架下空間を創出するポイントだといえる．

具体的に言えば，都市計画を担う沿線自治体は，鉄道高架化に伴うまちづくり構想の立案だけでなく，高架橋の支間割や断面形状といった橋梁計画についても，まちづくりの立場から議論に参加することが大切である．そこでは，建設費用の最小化という観点ではなく，沿線エリアの価値向上を目標に据えたトータルな観点から議論されることが望ましい．

さらに言えば，東京ミズマチで墨田区が隣接区道の遊歩道化により高架下空間と隅田公園を一体化することに成功したように，まちづくりのチャンスと捉え，隣接する公共空間を高架下空間と一体的に整備することができれば，その波及効果をより高めることができる．

一方，鉄道事業者にとっても，高架下空間の利活用イメージを事前に把握できれば，高架橋の設計に活かすことができる．例えば，ののみちが位置する中央線三鷹～立川間の高架橋では，模型を用いたデザイン検討がおこなわれており，周辺地域への影響を考慮した丁寧な設計がなされている[11)]．ただ，検討報告をみると，設計当時は高架下の空間利用が想定されていなかったため，高架下空間を利用した場合のデザイン検討はおこなわれていない．のののみちでは，結果的に高架下空間が利用しやすい高架橋となったが，もし事前に情報が共有されていれば，例えば縦梁の円弧状のハンチは今とは違う形になったかもしれない．

今回取り上げた事例は，高架下空間が積極的に利用される以前に高架橋が設計されていたものである．しかし，これからおこなわれる鉄道高架化では，高架下空間の利用について必ず検討されるはずである．その機会を捉え，沿線自治体，鉄道事業者，高架下施設管理者が一堂に会し，まちづくりの観点から鉄道高架橋と高架下空間のありかたについて検討することをおすすめしたい．そのようにして生まれた空間は，まちの貴重なスペースとして，地域の魅力貢献していくはずである．

〔謝辞〕

第3編の事例に掲載した図面は，東日本旅客鉄道株式会社，京浜急行株式会社，東急電鉄株式会社，東武鉄道株式会社の各社より提供された設計図を元に作成したもので，貴重な図面を提供いただいたことに感謝申し上げる．図面の記載内容についての一切の責任は著者にある．

また，第3編の事例調査にあたっては吉松拓真氏（八千代エンジニアリング）の協力を得た．また事例写真，図版のほとんどは田口凌介氏（国士舘大学大学院生）によるものであり，お二人に感謝申し上げる．

〔参 考 文 献〕

1）2k540 AKI-OKA ARTISAN：https://www.jrtk.jp/2k540/（参照日 2022.02.14）
2）小野田滋：東京鉄道遺産「鉄道技術の歴史」をめぐる，講談社（2013）
3）大野達也：関東近郊の鉄道遺構をめぐる！ 鉄道遺産をゆく，イカロス出版（2020）
4）鐵道省：東京市街高架線東京上野間建設概要（1925）
http://library.jsce.or.jp/Image_DB/j_railways/34355/34355.shtml（参照日 2022.02.14）
5）工事タイムス：土木建築工事画報，第6巻第1号，pp.44（1930）
6）藤原浩：東急電鉄各駅停車　懐かしの沿線風景と歴代の名車両を紹介！，洋泉社（2016）
7）宮田道一：東急の駅今昔・昭和の面影80余年に存在した120駅を徹底紹介，JTBパブリッシング（2008）
8）鐵道省東京改良事務所：市街高架橋東京萬世橋間建設紀要（1920）
9）大澤実紀：旧万世橋駅の遺構を活用したマーチエキュート神田万世橋の開業，JREA，Vol.57，No.4（2014）
10）友竹幸治，小林將志，矢島宏明，小林範俊，小藤田敦士，桐生郷史：万世橋レンガアーチ高架橋耐震補強の設計・施工，SED，No.42（2013）
11）高津徹，小林寿子，山内俊幸，狩野重治：中央線三鷹～立川間連続立体交差化における高架橋の計画，SED，No.12（1999）
12）東京急行電鐵株式會社：東京横濱電鐵沿革史（1943）
13）日ノ出町駅：https://ja.wikipedia.org/wiki/日ノ出町駅（参照日 2022.02.14）
14）長谷川裕：五反田駅はなぜあんなに高いところにあるのか　東京周辺鉄道おもしろ案内，草思社（2010）
15）服部尚道，黒岩俊之，早川正，吉住陽行：鉄道営業線近接・直上におけるHPCa工法を適用したラーメン高架橋の構築，コンクリート工学Vol.50，No.3（2012）
16）山田俊明：東京の鉄道遺産　上　百四十年をあるく，ケヤキ出版（2010）
17）ウォン イエンスイ，後藤孝一，二井昭佳：高架下の空間利用を想定した高架橋デザイン手法に向けた一考察，土木学会景観デザイン研究講演集，No.16（2020）
18）ヤン・ゲール：人間の街：公共空間のデザイン，鹿島出版会（2014）

第4編

鉄道高架橋の美学

1. 鉄道高架橋の美的可能性

1-1　橋が美しいということ

いったい，鉄道高架橋の美などということを語りうるだろうか．ここではその問題を考える前に，橋が美しいとはどういうことなのか考えてみたい．

産業革命以降，製鉄技術が進化して大量の鉄材を用いた大規模な建造物が登場した．その記念碑的な存在がスコットランドのフォース橋だ（**写真4-1**）．英国の鉄道網延伸プロジェクトの渦中にあって，この橋は同名の湾を跨ぐ鉄道橋として1890年に架設された．その主要な躯体の特徴は，多数の鋼鉄部材をリベットで接合してトラスを組み，外形が菱形に似た高さ104 mの巨大な立体となった構造にある．躯体は3基．中央の躯体とその左右の躯体とは菱形左右端でトラス桁にて連絡するゲルバー桁方式とし，中央径間521 m×2，桁下高46 m，全長2.5 kmの橋としたのである．湾の強風に耐えるべく選択された材料と構造だった．

フォース橋は現在世界遺産に登録され，橋を眺望できる場所はエディンバラの観光名所になっている．しかし，デビュー当時，これを鋼鉄の怪物などと揶揄する向きもあったらしい．

建造物がそれを支持する構造あって成り立っていることに今昔変わりはな

写真4-1　構造がむき出しの大建造物：フォース橋／スコットランド（提供：松井幹雄氏）

い．教会建築など建造物が巨大であればあるほど，それを自立させるための材料と構造の選択はシビアだった．ただ，産業革命以前，建造物が装飾を抜きに語られることはまれだったのである．装飾こそは建造物の表現様式（スタイル）であり，その様式の洗練と変革が次の時代の課題となっていった．建造物は構造そのものではなく，構造と連携した装飾あってはじめて美しいとみなされ，それを可能にする芸術家（たとえば建築家）が設計を担当した（**写真4-2**）．

したがって，構造そのものによる建造物，つまり構造物が登場したとき，装飾に親しんだ人々の目にそれが怪物に映ったとしても不思議はない．それだけでなく，装飾の否定は建造物設計に芸術家の出番がないことを意味するから，芸術家をもって自認する人々の中には心中穏やかでない向きもあったろう．

一方，装飾によらず技術に裏打ちされた合理的な工作物に美点を見出した人々はいた．西欧の美学界は，工学的技術が生み出す工作物にいち早く反応し，それを新しい美の登場として受け止めた．例えば，20世紀初頭にはドイツの哲学者ジョナス・コーン（1869～1947）が，著作の中で機械の美について次のように述べている．「それを見たとき，あらゆる部分の無駄のない連動，力の利用，考えうる最も単純な手段による困難な課題の達成が直観されるならば，それは美しい機械について語っていることになる」[1)]．

写真4-2　装飾に満ちたゴシック様式の大聖堂：ドゥオーモ／ミラノ

ここに，力学的合理性によって形作られる構造物に，（人為を超えた）自然美にも，（芸術家の手になる）芸術美にも集約できない技術の美（あるいは構造美）がある[2)]という見解が示されたのだった．

この構造美の枠組みに従うなら，部材相互の緊密な力学的連絡が直感されるような構造が選択され，それが鮮明に可視化されていれば，橋は装飾なしでも美しいとみなされる可能性があるということになる．

関東大震災後のいわゆる復興橋梁の設計について，『帝都復興事業誌 土木篇』は構造美と装飾美とを対比させ，「構造の機能を明示」することを第一とし，「装飾的橋梁が，美しき橋梁なりとするが如き誤謬を棄てなければならぬ」としている[3)]．当時，永代橋（1926）や清州橋（1928）をはじめとする多数の橋梁設計に携わった田中豊の設計理念も，上述の美的パラダイムの転換の延長上にあった．

1-2　鉄道高架橋の美学の模索

さて，それなら構造を主体として装飾を省いた橋はそのまま美しいと結論づけられるだろうか．残念ながらそう単純ではない．次にこの問題について考えてみよう．

(1) 橋は構造だけで構成されているわけではないこと

現実の橋は，構造だけで構成されているわけではない．橋は本体構造のほかに様々な付属物によって構成されている．この付属物が構造の鮮明な可視化の妨げになる場合があるのだ．ここで付属物とは高欄（鉄道の場合は保守点検作業用の安全柵），防音壁，照明柱（鉄道なら電柱），標識，排水管などである．

これらの付属物には，装飾とは別の造形的課題がある．いやしくも装飾が必要だと考える向きは，仮に構造との関連に無関心だとしても，装飾で橋全体をどうまとめるかという統一的視点をもつだろう．一方，付属物はその種類に応じて個別の設置根拠と規格に依存している．種類が違えば原理的に非統一的なのが付属物である．橋の構造の可視化云々以前に，付属物によって橋が視覚的に錯綜する可能性があるのだ．

しかし，以上の課題は，解決がそれほど困難とも思われない．構造の鮮明な可視化に向けて，全体的な視点をもって付属物を整理整頓することは不可能ではないからだ．構造美の素直な表出のために，機能上の支障がない範囲で付属物の整理整頓を図る．これは目標化しやすい．

(2) 構造に関心が向きにくい橋があること

先に述べたように，構造美とは，19世紀末から20世紀初頭に生まれたとみられる構造物の“見方”だが，これは，形と仕組みの関係を読もうとするわれわれの想像力におそらく由来している．例えば橋なら，それがなぜこのような形をしているのかという興味と，“部材相互の緊密な力学的連絡を直感”することとはおそらく関連があるのだ．先のジョナス・コーンも指摘していることだが，構造について全く無理解で無関心な人に構造美は直感できないだろう[4)]．

そうすると，多少なりとも構造に関心がある人たちを念頭におくとして，構成部材の数が少ない橋，例えば桁橋など，部材の形態も構成も単純な橋はどうなるのか．その種の橋はそもそも形という観点から関心を引きにくいから，構造を読むという衝動も生まれまい．つまり，構造美という枠組みに沿って評価するのは無理があるのだ．

(3) 鉄道高架橋の美的活路

さて，以上の観点からみて鉄道高架橋はどんな橋か．鉄道高架橋は架設延長が長大でしかも短期間の施工が要請される宿命にあるから，できるだけ単純な構造をもった躯体を反復させた方が合理的だ．つまり，普通には鉄道高架橋は構造美という枠では説明しにくい橋となる．それなら，鉄道高架橋に美的活路はないのだろうか．

そこで，常磐線第三埒木崎の鉄道高架橋（**写真4-3**）をご覧いただきたい．どうだろう．ビームスラブ式ラーメン構造で，形態的に単純な躯体を多数反復させただけ（失礼）の橋だ．さすがに構造美の枠組みでこれは捉えられまい．しかし，全体に整然とした美を見出せはしまいか．梁の上部長手方向に地覆が連なって全体を貫いている．電柱は橋脚の位置に合わせて設置され，防音壁はなく，保守点検用の細い柵があるのみなどの諸点が貢献しているものと思われる．

この例を見る限り，鉄道高架橋では，躯体と付属物の整然とした反復に美

写真4-3　常磐線第三埒木崎高架橋 ビームスラブ式ラーメン構造の整然とした姿

的活路がありそうだ．しかも，これは，この構造物が果たすべき役割，機能に従った結果としてここにある．19世紀に建築の世界で一種のブームとなった機能主義も詰まるところは装飾を全く捨て去ったものではなかったことや，今日，機能主義という言葉が，味も素っ気もない安価で安易な設計を目指す態度をむしろ正当化するかのように使用される傾向すらあることを思うと，そのいずれでもない何かがここに実現しているようでもある．

しかし，ここではそうした点から鉄道高架橋の美学に立ち入る前に，わが国の鉄道高架橋の精華ともいうべき仕事，中央線東京駅付近高架橋と仙台市高速鉄道東西線高架橋を紹介しておこう．

1-3　わが国の鉄道高架橋の精華

2例とも事業区間延長が比較的短いこと，高架下を歩行者の通行に供するよう求められたことなどの特殊条件がある．これらの条件は意匠設計の水準を押し上げた要因の一端といえよう．

(1) 中央線東京駅付近高架橋

中央線東京駅付近高架橋（1995年開通）については**第1編第4章**に詳しい解説があるから，そちらも参照されたい．躯体が鉄道用地を超えて都市側に張り出すことになり，都市側の橋脚が一般道の歩道を縦断的に占有するというきわめて特殊な条件下で設計された．そのため，直下を通行する歩行者を

写真4-4 中央線東京駅付近高架橋

相当に意識し，従来の高架下の印象を払拭すべく，その形態と材料が選択された（**写真4-4**）.

一般部は連続PRCラーメン箱桁構造で，桁下高の大きい高架橋にありがちな中層梁は都市側で割愛．桁は変断面で，歩行者に見上げられることを意識して特殊な立体造形となっている．

また，都市側橋脚は（架道橋直近以外では）鋼管で巻いたRC円柱で必要強度を保ちつつ断面寸法を低減．しかもエンタシス状の変断面柱としている．電柱はこれと位置を整合させて設置，かつ意匠設計されている．

(2) 仙台市高速鉄道東西線西公園高架橋

仙台市高速鉄道東西線西公園高架橋（2015年開通）は公園内に構築された高架橋で，高架下を遊歩道にするという方針で設計された．RCスラブ式CFT柱ラーメン構造で柱スパンは5mと小さい．

小スパンで柱が多いと煩わしくなりがちだが，この高架橋はそれを感じさせない．柱が円断面で見る方向によらず外形が一定，横梁がなく，スラブ裏面がすっきりかつ滑らかな曲面に仕上げられていることなどが寄与していると思われる．しかも，そのスラブの横断方向への張出しを大きくしたことで，全体に，薄い天蓋とそれを支持する列柱のような建築的視覚効果をあげている．

公園利用者はともすればこれが鉄道高架橋であることを忘れてしまうかもしれないと思えるような作品だ．この区間で路線が緩くカーブしていることも列柱が美しく見える要因となっていよう（**写真4-5**）.

(3) 再び常磐線第三埒木崎高架橋

以上の2例は，いうなれば華麗な“特注品”だ．高架橋としての斬新さと造形的洗練が際立っている．設計と施工を担当した技術者に敬意を表してここに紹介した次第だが，このような高架橋の構築機会は今後もまれだろう．したがって，これらの“作品”をもって広くわが国の鉄道高架橋の手本とすることは難しい．というよりも実効性に乏しいと思われる．

ここで再び，常磐線第三埒木崎高架橋をみよう（**写真4-6**）．実に端正だ．もちろん，単線区間で躯体がコンパクトに見えるという事情はある．施工条件がこの区間でほぼ一定だったという理由もあろう．しかし，そのうえに，

写真4-5　仙台市高速鉄道東西線高架橋

写真4-6　常磐線第三埒木崎高架橋

造形上の工夫がごく素直に，しかも一体的に達成されているのである．

これは，“単純な構造をもった躯体を多数反復させることを基本とし，そこに個別の設置根拠をもった付属物が付加される”橋の見事な整序手法ではないか．先にみた2つの例のような華麗さはないが，田園の中で列車が来るのが静かに待たれるような，そんな鉄道高架橋だ．本編が提起する「鉄道高架橋の美学」のねらいは，この仕事の意味を正しく位置づけることだといっても過言ではない．

2. 高架橋整序論再考
～『鉄道高架橋の景観デザイン』1999から出発して

本書以前に，わが国で鉄道高架橋の美学に本格的に取り組んだのが『鉄道高架橋の景観デザイン』(1999) である（**写真4-7**）．当時，東京大学におられた篠原修氏が，わが国の土木デザインの発展を図って主宰した「景観デザイン研究会」(1993.7～2005.6) の中の「鉄道高架橋部会」の成果である．部会長は当時，東日本旅客鉄道で構造設計の指揮をとっておられた石橋忠良氏で，そのもとに鉄道橋設計関係者を含む多彩な人材が集結した．

『鉄道高架橋の景観デザイン』は「景観デザイン研究会」会員限定だったこともあり，高架橋の整序を説いたその内容は，わが国の鉄道技術者に広く流布したとはいえない．一方で，部会員（法人含む）であった設計実務関係者の中では一種のバイブルとして現在もよく参照されていると聞く．

しかしながら，同書が世に出て20年以上経過した．あるいはその美学の本質への関心が薄れ，書かれた設計技法のみが設計現場で“免罪符”化しているかもしれない．あるいはそこで提起されているデザインのキーワードが設計者の思考を拘束して，創造的発想を鈍らせることになっているかもしれない．

このあたりで，同書の美学の主要な論点を再解釈し，あるいは曖昧な点を再検討して，その目指すところを新鮮な目で捉え，若き技術者に伝達する意義はあるだろう．

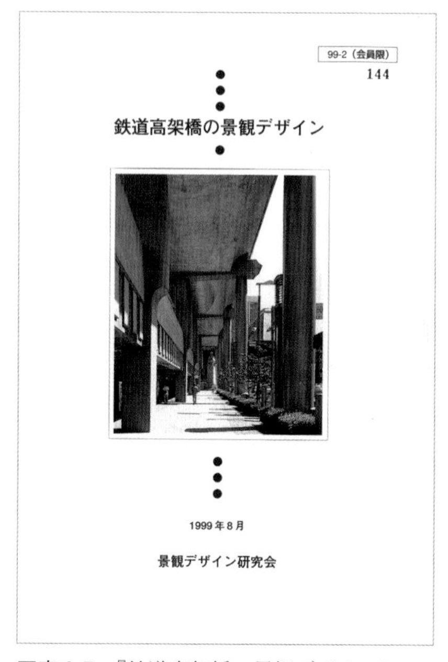

写真4-7　『鉄道高架橋の景観デザイン』

2-1 『鉄道高架橋の景観デザイン』の用語を解読する

さて，前節で触れた『鉄道高架橋の景観デザイン』は鉄道高架橋の「デザイン・キーワード」として，「連続性」「水平性」「再起性」の保持を掲げている（**第2編 表2-3** 参照）．ここではその再解釈も含めて丁寧にみていきたい．読者諸氏が用語自体をいぶかしくお思いになるかもしれないからだ．

鉄道である以上，軌道が不連続ということはあり得ない（厳密には熱膨張に対応すべく軌条のつなぎ目には間隙が確保されているが）し，軌道を支持する躯体も途中で途切れるはずがない．なぜあえて「連続性」なのか．

鉄道は縦断勾配を嫌うから，地形などの制約がない限り軌道は水平に敷設されて当然である．それでも，どうしても縦断勾配を取らざるを得ない敷設区間というものはある．その対応は渋々なのだ．にもかかわらず，なぜあえて「水平性」なのか．

おまけに，「再起性」とは聞き慣れない語だ．再起不能とか，再起を図るとか，“再起”という語はあるが，それは，何かが衰えた状態から勢いを盛り返す場合に用いられる．この原義に基づけば，鉄道高架橋の「再起性」とは奇妙な話だ．

そこで，まず，以上のような至極当然の疑問に，用語の解説と解釈を通して答えていくことにしよう．

(1)「連続性」の保持

いうまでもなく，軌道はその本来的な機能上，当然，滑らかに連続し，それを支持する躯体ももちろん途切れずにつながっている．“比較的単純な構造をもった躯体が多数，力学的には相互に独立に並べられる”一般的な鉄道高架橋の特性からいって，施工条件が一定なら，同一の構造をもった同形同大の躯体が並ぶ．それなら，高架橋は滑らかにずっと連なっているように見えよう．

しかし，実際にはそんな状況はまれである．架道部（道路交差部）では道路幅員に応じたスパンの躯体を挿入しなくてはならない．したがって，架道橋は，一般部の躯体と構造も材料も明らかに異なるという場合がある．さらには，一般部で同一の構造をもった同形同大の躯体が並ぶ場合も，その躯体相互は別途接続させなければならない．厳密にいえば，その接続部は造形的に周囲と異なる．

そのように個別の事情にのみ応じた構造物設計を当然としていると，鉄道高架橋は結果的に異形の躯体を継ぎ接ぎした無節操な構造物に映る．車両設計に比べて構造物設計はなんと粗雑なのだろうと一般の人々は思うに違いない．

『鉄道高架橋の景観デザイン』はこれらの状況を放置するなと主張しているのだ．「連続性」の保持によって，「全体として一続きの滑らかな線」として「続いていくこと」が素直に看取できるように設計してほしいと言っている．換言すれば，軌道に代わって，高架橋が滑らかな「連続性」を直感させるように留意せよと主張し，そのために何が必要かを説いているのだ．

(2)「水平性」の保持

これこそ，意匠以前の常識のように思われるが，『鉄道高架橋の景観デザイン』の着眼がユニークなのでそれを紹介しておきたい．

同書は，「水平性」について「他の要素（特に地形）の位置関係を把握する基準線となる」と指摘する．軌道は縦断的には水平に，あるいはそれが無理でも可能な限り縦断勾配が低減するように敷設される．これに伴い，軌道を支持する高架橋は陸上の景観における水平の基準線のような役割を果たすことがある．

山並みや森林など有機的で不定形な，美しいけれども形としてはとりとめ

写真4-8　高千穂橋梁（宮崎県 1955）

のない要素に囲まれた中に，シンプルな水平要素があると，景観が安定して見える．あるいは景観が引き締まって見える（**写真4-8**）．

『鉄道高架橋の景観デザイン』の趣旨は，このことを意識して，とりわけ軌道が水平，もしくはそれに近い区間では，その水平ラインが綺麗に際立つように努めてほしいということだろう．鉄道高架橋はそのような景観的効果を潜在的にもっているのだから，その効果を素直に発揮させるよう，あるいはその効果を不用意に損なわないよう設計にあたってくれというのである．

(3)「再起性」の保持

『鉄道高架橋の景観デザイン』は「再起性」を「同じものが繰り返し出現することで得られるリズムや統一感，質的同一性のこと」だとする．

再＋起という漢字の組合わせはそれ自体として反復というイメージを想起させる．けれども，それは“再起”の原義とは異なるから，むしろ“規則性”という語に置き換えたほうが日本語としてはしっくりしよう．ただ，“規則性”だと，長手方向に繰り返されるシークエンシャル（継起的）なニュアンスが弱くなる．

いずれにせよ，“単純な構造をもった躯体を多数反復させることを基本とし，さらにそこに個別の設置根拠をもった付属物が付加されるというような”鉄道高架橋の特徴をよく捉えた着眼だ．

同一の要素の規則的な反復は，美術の世界でもしばしば適用される造形原理である．いうなれば，その潜在性を埋没させないで鉄道高架橋を設計してもらいたいと，『鉄道高架橋の景観デザイン』は主張しているのだ．

躯体の反復と付属物の反復．これらは設計上，個別に扱われることが多いので，下手に競合すれば全体としては不規則な様相を呈するおそれがある．だから，躯体と付属物（たとえば柱と電柱）で歩調を合わせられるなら，可能な限り整合させようではないかというのである．

また，排水管など，必ずしも規則性をもって設置されない種類の付属物がある．これらが不用意に露出させられると，他の規則性のノイズとなることがある．だから，ノイズとなり得る要素は目立たないように注意深く収納してほしいというのである．

2-2　同書は高架橋の造形的一貫性を訴えている

こうしてみると，『鉄道高架橋の景観デザイン』は，「連続性」「水平性」「再起性」を通じて高架橋に造形的な一貫性を与えることをもって．これを造形的に整序しようと訴えているようだ．その意味は何か．

(1) 鉄道高架橋の視覚的特徴

ここでしばしの間，高架橋を離れて考えてみよう．一般に，橋は，その主構造を含む全体を一目で把握できる場合が多い．ほとんどの場合，橋は水面や谷を跨ぐように架設され，その範囲で視界が開けているからである．そして，その開けた視界の中に橋が完結して見える．橋の両端が地形によって区切られている場合も多い．また，中央径間をつくる主構造が印象を鮮明にしていることも多い．

全長2.5kmのあのフォース橋ですら，巨大なトラスの躯体3連を一望にする眺望点がフォース湾周辺にいくつもある．そこに行けば「フォース橋を見た」という実感が得られる．フォース橋とはこんな橋だったと後に語ることができる．

さて，鉄道高架橋の場合はこれと趣を異にする．河川橋を除けば，中央径間と呼べるような主役らしき構造がなく，印象の焦点に乏しい．“単純な構造をもった躯体を多数反復させる”ことで成り立つ以上，橋というものの像を把握しづらいのだ．しかも，ふつうわれわれが目にするのはそうした高架橋の断片的な一部区間にとどまる．特に都市部では視界が十分に開けないことが多いから，高架橋を一望，という経験はもちにくい．たまたま視点を移動させても，見得るのはその視点に応じた部分的区間である．こうして，鉄道高架橋の印象は曖昧かつ分散的となる．

(2)『鉄道高架橋の景観デザイン』に対する本編のねらい

このような鉄道高架橋だが，見得る区間が部分的でも，随所でそれがほぼ同じように見えていれば，部分から全体が類推できる．このとき，鉄道高架橋の印象は比較的安定するといえるだろう．「ああ，さっき見たあそこと，今見えているここととはつながっているのだ」という路線のイメージももちやすくなる．

構造物の全体としての曖昧さを回避して，路線がつながっているという直感を働きやすくすること．つまるところ，『鉄道高架橋の景観デザイン』は鉄道高架橋にそのような存在となることを期待しているとみることもできる．それならそれで立派な設計理念ではないか．これ以上，付け加えることがあるだろうか．

『鉄道高架橋の景観デザイン』の理念にかかる本編の解釈がおおよそ妥当だとすれば，理念そのものにとなえるべき異議はない．ただ，その理念実践の基本としての「連続性」の考え方や，電柱の景観的位置づけや，躯体ハンチの視覚的解釈にはなお検討の余地があると思われる（**本章次節**）．さらに，防音壁の位置づけも鉄道高架橋の「連続性」という観点から再吟味すると，意匠設計に資する知見が得られそうだ（**3章**）．

本章のねらいは，以上のような観点から『鉄道高架橋の景観デザイン』の理念ではなく，実践の考え方に異議申立てを企図しようというものである．

2-3　異議申立て（その1）：河川橋・架道橋の独立宣言

(1)『鉄道高架橋の景観デザイン』はどう主張しているか

まず，本項では「連続性」保持という観点からみた河川橋・架道橋の位置づけについて考えたい．先述のように，鉄道高架橋の河川部・架道部はその前後の一般部と形態（構造・材料・部材寸法など）がはっきりと異なる場合が多い．

これに対して，『鉄道高架橋の景観デザイン』は「連続性」を保持するためになし得ることをすべきだとしている（**図4-1**）．例えば，①掛け違い部に見られる桁高の違いを放置せず，造形的に滑らかに連絡するよう加工・処理すること，②異なる躯体間でフェイシアライン（橋梁側面の最外縁に現れる帯状の水平要素）を通すなどである．

(2) 問題の本質は「連続性」なのか

さて，これを受けて本章では，河川部や架道部は一般部からむしろ独立させてよい場合があり，無理に「連続性」の保持を適用することはないと申し上げておこう．その理由はおおよそ2点である．

① 本質的に異なる要素の間に「連続性」を求めても，その方法は往々にして

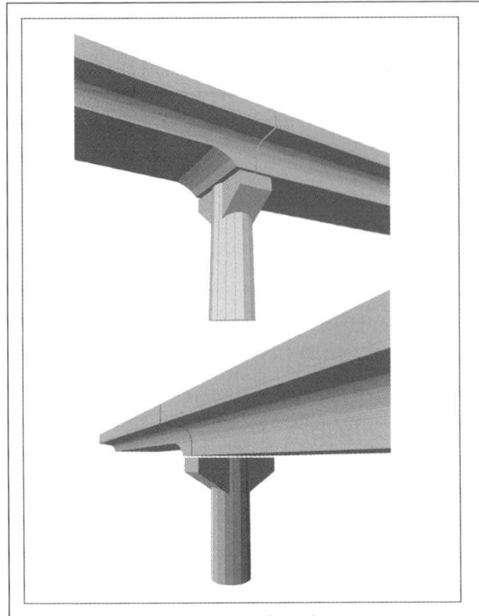

(a) 桁幅を合わせ, 桁高の変化だけに対応する例

(b) 桁高も桁幅も異なる場合の対応例. Facia lineを揃えることが極めて重要である

図4-1　掛け違い部の連続性の保持手法（『鉄道高架橋の景観デザイン』p.63より）

写真4-9　桁掛け違い部の複雑怪奇な様相

実質よりも“免罪符”に陥りがちだ．それによって解決すべき他の問題を見過ごすおそれがある，という消極的理由.

② 一般部の「連続性」が保たれていれば，河川部・架道部はその全体のアクセントとなる．句読点といってもよい．そのようなアクセントによってその前後に続く一般部の「連続性」はかえって鮮明になるという積極的理由.

確かに，桁の掛け違い部は橋脚天端も含めて形が複雑怪奇になりがちである（**写真4-9**）．それは，ここに様々な「都合」が寄り集まり，その「都合」なりに各部を設計するだけで，それらの「都合」をできるだけ一括して解決しようとする姿勢が乏しいからだ.

しかも，“免罪符”としての「連続性」保持が河川橋・架道橋がもつ構造的な特徴をゆがめてしまうおそれもある．特に河川橋は，鉄道橋として構造美発現の可能性を持つのだから，その特徴を「連続性」で曖昧にするのは回避したいところだ．

(3) 一ノ戸川橋梁が示唆すること

ここで，少し古い例（1910年開通）だが，鉄道の河川橋として一ノ戸川橋梁（**写真4-10**）を取り上げ，「連続性」との関係を論じてみたい．このケースでは河川部と一般部とは桁高も構造も全く異なる，という点で典型的だからだ．

磐越西線一ノ戸川橋梁のトラス桁は部材に曲げが作用しないピントラス特有の繊細さを持ち，一方で一般部は対照的に単純な鈑桁だ．そして，その接続は造形的に滑らかどころかむしろ断絶的ですらある．いわゆるフェイシアラインも通っていない．これをもって「連続性」が保たれていないから，この仕事は評価できないということになるのだろうか．そんなことはあるまい．

河川橋と一般部の接続は単純で，前者の横梁に後者の鈑桁が受け渡されている様子が瞭然だ．しかもその仕組みが河川橋両端で対称になっているから全体の印象が鮮明である．この橋は，一般部と明瞭に異なることで鉄道高架橋の魅力的なアクセントになっているともいえよう．

ここに美的課題があるとすれば保守点検用の足場，特に横断方向のそれが

写真4-10　一ノ戸川橋梁 一般部と河川部の明確な差異

橋そのものの構造的印象のノイズになっているという点だろう．1-2で述べた「付属物」の問題である．あるいはピントラスの線状の斜材が煩雑だと見る向きもあろうが，この部材が引張力を分担し，圧縮力を他の斜材に負担させているという構造的意味は明瞭だ．両斜材の断面差はそれぞれが負担する軸力の違いの表れであって，構造由来のものだ．

いずれにせよ，このケースで「連続性」に帰着させるべき弱点を指摘することは困難だ．この橋で一般部と特殊部の断面差を解消するような造形努力を強いるなら，それは蛇足というべきだろう．フェイシアラインを通すことすら積極的意義を持つとは思われない．「連続性」を“免罪符”とした「景観的配慮」を回避する冷静さと余裕をもつべき場合があることをこの橋が示唆してはいまいか．

(4) 架道部の対称性

先の一ノ戸川橋梁の例では，河川橋両端で対称になっているから全体の印象が鮮明で，鉄道高架橋の魅力的なアクセントともなっていると述べた．この対称性は，架道橋に鉄道高架橋のアクセントとしての効果を担わせる場合にも考慮されていい．

鉄道高架橋の長い延長の一部が単に一般部と異なって見えるというだけでは，それ自体がノイズに映るというおそれがある．そこに相応の造形的まとまりが看取されることが重要だろう．道路を跨ぐという架道部の特質を考慮すれば，そこに門のような対称性をもたせることが無理のない選択だ（**写真4-11**）．

さらに進めて，例えば，架道橋を3径間連続RCラーメン構造とし，中央径間を道路交差部，側径間をアンカースパンとして一般部と接続させるという発想にも目を向けてほしい．道路交差部だけで構造を独立に考えるよりも一般部との調整しろが大きくなって接続部の複雑さを回避しやすくなる．一般部との梁高調整が比較的容易になり，さらに架道部全体が構造的にほぼ左右対称とすることもできる（**写真4-12**）．

(5) 架道部のスパンに応じた構造選択

桁掛け違い部のみで造形調整するという発想から脱却し，架道部のスパンに応じた架道橋の構造を選択し，桁断面，桁下高さを一般部のそれと揃えて

写真4-11 鶴見線總持寺架道橋 架道部の左右対称性，ここでは「連続性」に固執する必要はあるまい．

写真4-12 中央線（三鷹・立川間）の架道橋 架道部を3径間連続RCラーメン構造とした例．しっかりと安定した造形だ．

好結果をもたらす場合もある（**第2編 写真2-6, 2-7**参照）．

(6) 重要なのは一般部の一貫性

架道橋，河川橋などの特殊部と一般部との接続箇所が複雑にならぬよう造形的調整は必要だが，「連続性」保持に固執しない．一方で，一般部そのものは一貫性を保持したいところだ．一般部との対比によって特殊部が高架橋の造形的アクセントとなりうる．一般部の随所で異質な造形が頻出して一貫性がないようでは，河川橋，架道橋のアクセント効果が際立たないばかりか，造形的に煩雑で得体の知れない建造物という印象を鉄道高架橋自体に付着させかねない．

その意味で，一般部の躯体がビームスラブ式ラーメン構造なら，躯体相互の接続方式も含めて「連続性」と「再起性」による整序を目指すのによいだろう．『鉄道高架橋の景観デザイン』がゲルバー桁式の接続を“難あり”とし，背割り式を推奨するのはこの点において慧眼だ（この接続形式については第2編 図2-3参照）．

2-4　異議申立て（その2）：電柱はノイズか（鉄道の生命線に敬意を）

(1)『鉄道高架橋の景観デザイン』はどう主張しているか

『鉄道高架橋の景観デザイン』は，まず，電柱をもっと造形的に洗練させ，そのうえで軌道延長方向の設置位置を橋脚（柱）位置に揃えよと主張している．また，電柱を景観阻害要因（景観上のノイズ）とみて，「防護柵より軌道側への配置」を奨励したうえで，さらに存在感を抑えた「中央配置方式」を推奨している（図4-2）．後者は，センターリザベーションタイプの路面電車でお目にかかれるセンターポール方式だ（写真4-13）．

LRTの併用軌道をもつ富山大橋のモノポールは，その洗練されたデザインと相まって確かに美しい．しかし，ここでは，電柱の洗練問題はさしあたり棚上げし，橋上に電柱がはっきりと見えていることの重要性に着目したい．そこから電柱の設置位置問題を再考しよう．

『鉄道高架橋の景観デザイン』には，そもそも論として，現行の（洗練とは程遠い?）電柱が高架橋の眺めを錯綜したものにするという懸念があるようだ．同書掲載図（図4-2）の解説に「中央配置方式」による視覚的効果が3点挙げられているが，それらはその懸念の裏返しである．

すなわち，①電柱（同書では架線柱と称している）数が半分に低減すること，②電柱が高架橋近傍から見えにくくなること，③電柱支持梁が不要となって（高架橋の）連続性が保持されること，である．

しかし，鉄道の電化が主流の現在，電柱は鉄道の生命線たる架線の必要不可欠な支持具であることを認めなければなるまい．ある意味では，電柱は鉄道高架橋の独自性を表出する構成要素だ．そう考えると，電柱の形を洗練させよという主張は正当であっても，これを見せないことに注力することが妥当だろうかという疑問は残る．

ただ，電柱は支持梁をはじめとして構造物の設計・施工・管理に一定の負

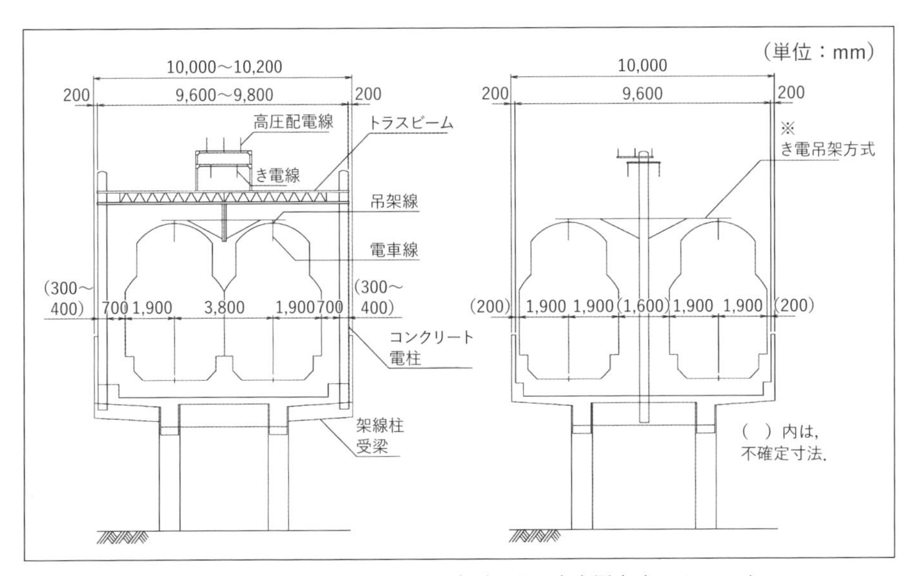

図4-2　電柱の配置方式 左が従来型，右が中央置方式のイメージ（『鉄道高架橋の景観デザイン』p.72 より）

写真4-13　富山大橋．LRT のモノポールが電車の通行を示唆する．

荷をかけており，また，架線が駅空間の高度利用に制約を与えていることも事実である．これらを勘案すると，遠い将来，景観的な理由というよりも，設計の合理化や経営上の観点から集電方式が改革される可能性がないとはいえない．

とすれば，少なくともそれまでの間，電柱の存在を前提として，それとどう付き合っていくかがむしろ現実的な選択になるといえよう．

(2) 電柱と「再起性」

すでに述べたように，『鉄道高架橋の景観デザイン』は鉄道高架橋の整序，造形的一貫性のキーワードとして「再起性」を提起している．高架橋上に多数登場する電柱をこの「再起性」と関連づけない手はあるまい（前掲，**写真4-3**）．

このとき重要な着眼点は，高架橋躯体自体が構造的にもつ「再起性」要素と電柱とが個別バラバラではなく，相互の連合によって「再起性」を生むように調整することだ．この意味において，高架橋の柱に電柱設置位置を揃えるという選択は説得的だ．その点から電柱設置者に協力を求める必要があろう．ただ，カーブで電柱設置スパンが小さくなる場合にはこの調整は難しくなるから柔軟に対応しなければならない．

また，柱と電柱の図心が大きくずれている場合は，立面図上で両者の位置を整合させても，スキュービュー（斜め方向からの眺め；skew view）では整合性が視認しづらくなる．「中央配置方式」では図心のずれが大きくなるから，柱と電柱の整合が立面図上はともかく，「景観的」には報われないことになる．

鉄道高架橋の整序（造形的一貫性）の基本に「再起性」を据え，柱と電柱とによってそれを形成しようとする場合は，電柱を柱の図心のできる限り近傍に設置するのが効果的だということになる．

(3) 「再起性」からみた電柱と防音壁との関係

『鉄道高架橋の景観デザイン』では，電柱は景観阻害要因（景観上のノイズ）になる危険性をはらんでおり，可能な限り存在感を抑えようという考えに立脚して「中央配置方式」を推奨している（**図4-3**）．同図によると，確かに「中央配置方式」を採用することにより，「従来形式」に比べて，電柱支持梁が省略できることの他，電柱自体も防音壁に隠れ，その存在感が抑えられている．

しかしながら，**図4-3**における視線入射角10度では，電柱が部分的に見える形となり，かえって異物感を誘発する危険性を有している．また，「従来方式」については，確かに電柱そのものは目立つものの，等間隔で柱の位置に配置された電柱が「リズム感」を創出しているとの捉え方もでき，「2-4つく

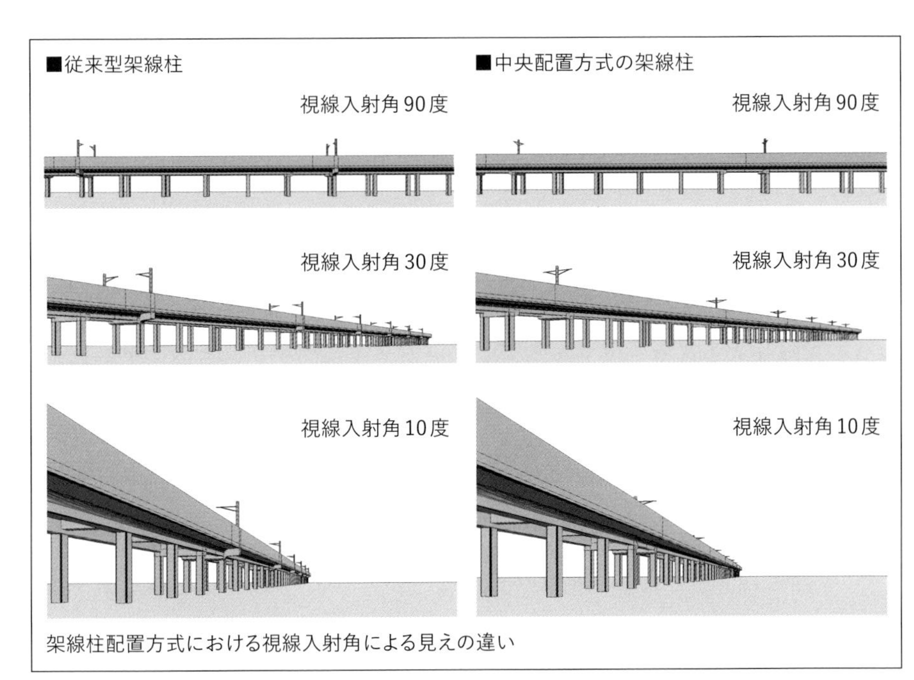

図4-3 電柱（架線柱）の配置方式と skew view の関係
（『鉄道高架橋の景観デザイン』p.73 より）

ばエクスプレス線のアーチスラブ式高架橋」に示されるような支持梁の凹凸に対する工夫や，電柱そのもののデザインを工夫することによって，より軽快な景観となる改善の余地を残している．

中央配置方式の好事例として，富山大橋（前掲，**写真4-13**）を紹介する．本橋では，テクスチャー処理された高欄を設置することで，地覆のフェイシアラインによる水平性を強調している．その上で，これらから独立して美しくデザインされたモノポールが「リズム感」を醸し出すことで，独特の魅力を放っている．

すなわち，「従来方式」，「中央配置方式」のどちらの場合においても，電柱がフェイシアラインによる「水平性」を阻害しない工夫が重要であり，加えて美しくデザインされた電柱により「リズム感」を創出できれば，なお良い景観となる．また，車窓からの景観を考えれば「中央配置方式」が優位なことは当然であるが，鉄道の場合，施工基面幅の規定の見直しを合わせて考えていく必要がある．

2-5　異議申立て（その3）：躯体のハンチを造形的にどう見るか

RCラーメンの躯体では，梁–柱の剛結部で梁の応力度が増大するため，梁を肥大させて補剛する．これを必要最小限にすることで肥大部が三角形を呈する．これがいわゆるハンチである．

ハンチはhaunchで，臀部，あるいは例えば鶏ももの基部のように肥大した部分を意味するようで，構造物のハンチはここから派生したものと思われる．このハンチが意匠設計上，しばしば議論の対象になる．

(1)『鉄道高架橋の景観デザイン』はどう主張しているか

『鉄道高架橋の景観デザイン』は，「鉄道高架橋のデザインを整える最低限のルール」でハンチについて言及し，ハンチは「連続性」に影響を与えるとする．「連続性」をうまく表出させるにはハンチはない方が望ましいという趣旨である．

「連続性」とどう関わるかはともかく，水平な梁と鉛直な柱の剛結部は肥大化させない方が，つまり，ハンチのない方が躯体がかっきりとして見えるという印象は残る．いったい，ハンチはRCラーメンの躯体を基本とする鉄道高架橋の造形にどのような視覚的影響を与えているのか．そして，ハンチは造形的にはないほうが望ましいと結論づけてよいのか．これを考えてみよう．

(2) 概略立面モデルで確認する

ビームスラブRCラーメンの躯体を基本とした鉄道高架橋の概略立面モデルを用いて，ハンチの形状，躯体の意匠操作を行い，躯体のゲシュタルト知覚の差異をみよう[5)]．

ハンチは径間部の梁高の低減に寄与する．このことを一応考慮してハンチなしの場合の梁高はやや大きく設定した．また，ハンチは長短辺比を3：1とする．簡略化のため立面をシルエットで表現し，スラブに対応する線などは省略した．

まず，RC構造物を意識して躯体をグレーにし，背景を白にして比較してみよう（図4-4 上2段）．ハンチなしと比較すると，ハンチありでは，躯体よりも，躯体によって包囲される隅角部＝空隙（ヴォイド）に目が行き，それが

図4-4 RCラーメン躯体の概略立面モデル

反復しているという様相が強まるようだ．

そこで，もっと躯体に目が行きやすいように，シルエットの背景を黒色にして躯体（ボディ）に相当する部分の明度を相対的に高めてみた（**図4-4 下2段**）．それでも，上述の印象は拭い去れない．

このことは，ゲシュタルト心理学のプレグナンツ（簡潔性）の法則の「閉合の要因」で説明できる．つまり，内側に囲い込むように閉じた領域どうしがまとまって見えるという現象である．どうやらそれがハンチによって強まるようなのだ．

躯体（ボディ）がかっきりと見えないとは，ハンチがあることで柱–ハンチ–梁による隅角部＝空隙（ヴォイド）に注意が向くことに関係があるらしい．すなわち空隙（ヴォイド）が“図”となって反復しているように見え，躯体（ボディ）への注意が弱められる．

以上から，躯体の印象を鮮明にするという目的があるなら，ハンチのない構造を選択するか，または，隅角部＝空隙（ヴォイド）に注意を向けさせるハンチの効果を意匠的に抑制することが解決のヒントとなろう．

さて，ここでようやく「連続性」問題である．ハンチがないほうが空隙ではなく躯体に目が行きやすくなる．このとき，梁高一定の梁が水平方向に一貫しているという印象が強まろう．つまり梁による「連続性」表出である．この意味において，ハンチがあるとその効果が薄れるといえそうだ．

このことから，ハンチがある場合は，梁が水平方向に一貫しているという効果を強めるような意匠操作に検討の余地が出てこよう（**次項**）．

また，梁に対してスラブが断面方向に張り出す構造なら，梁に「連続性」を受け持たせるべきとは必ずしもいえない．スラブを中路式としてその側面の構成要素，つまり地覆や小梁，場合によっては防音壁の一部に「連続性」を分担させる（**第3章**）ことも可能だからだ．

さて，次項では実例や3次元的モデルの検討を通して，意匠操作も含めてハンチの視覚的効果を再確認しよう．隅角部＝空隙（ヴォイド）に注意を向けさせる効果がハンチにあるとすれば，その効果は高架下利用においては積極的意味をもつかもしれないという観点も含めて考えてみたい．

(3) 三次元モデルで確認する

前節の内容を踏まえ，3次元モデルを用いてハンチの躯体への影響を考察する．本検討では，一般に適用される中で最もスパンが短い10 mの5径間連続RCビームスラブ式ラーメン高架橋（**図4-5**）を基本とした．また，一般的に両部材の鉄筋の干渉を避けるため，梁幅と柱幅のいずれか一方の幅を大きく取る場合が多い．したがって，直線ハンチを設けたうえで，梁幅＞柱幅（**図4-6**），および梁幅＜柱幅（**図4-7**）となるケースを検討した．また，多くの事例で採用されているハンチデザインとして，曲線ハンチを比較対象とした（**図4-8**，**図4-9**）．

モデル検証の結果，直線ハンチと曲線ハンチ，また，梁と柱の幅の変化を組み合わせた各モデルでは，概略立面モデルと同様に空隙（ヴォイド）の“図”化が認識される．また，3次元モデルではその反復が強調され，梁の「連続性」がさらに弱まっている様子が見て取れる．

そこで，まず検討案①として，直線ハンチをベースとして，ハンチ部の幅を梁ではなく柱に揃えたものを示す（**図4-10**）．このタイプでは，複数の径間に跨り長く延びた梁を複数の柱が支えているように見え，梁の「連続性」が強調されている．また，梁幅＜柱幅となるタイプ（**図4-11**）では梁が柱で遮られながらも，梁高が一定であることから直線ハンチや曲線ハンチよりも

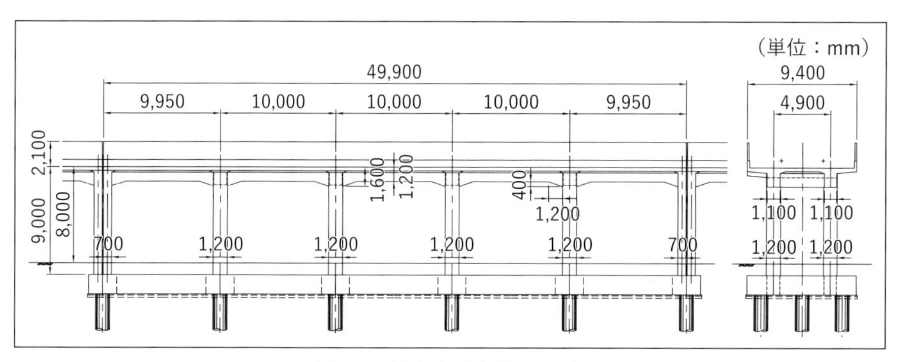

図4-5　基本案（直線ハンチ）

図4-6　直線ハンチ（梁幅＞柱幅）

図4-7　直線ハンチ（梁幅＜柱幅）

図4-8　曲線ハンチ（梁幅＞柱幅）

図4-9　曲線ハンチ（梁幅＜柱幅）

「連続性」が感じられる．ただし，両案とも直線ハンチをベースとしたため，単調な形態となる空隙（ヴォイド）の“図”化も感じられる．そこで検討案②で，ハンチと柱の一体性を強めた形状とした（**図4-12**，**図4-13**）．本タイプではハンチの存在感が最小化され，高架橋が「連続する梁」と「反復する柱」とのシンプルな構成要素の組合わせとして認識される．

以上より，躯体（ボディ）の“図”化には「ハンチを柱に帰属させる」操作が有効であり，その結果として梁の「連続性」と柱の「再起性」を強く認識

図4-10　検討案①（梁幅>柱幅）

図4-11　検討案①（梁幅<柱幅）

図4-12　検討案②（梁幅>柱幅）

図4-13　検討案②（梁幅<柱幅）

させることができる可能性を示した．

(4) 曲線ハンチおよびその他形状の検討について

ここまでハンチを有する高架橋の視覚的効果として，特に「ヴォイドの図化」が認められることを示した．しかし，曲線ハンチを有する構造物では，場合により必ずしもハンチが「ヴォイドの図化」を起こし，桁の連続性が損なわれるわけではないことを追記しておきたい．先に示したモデルはスパンが10mと小さく，対象とした視点もヴォイドの反復が認識しやすいSkew Viewでの検証であった．実例として，平泉駅付近高架橋（**写真4-14**）では，「ヴォイドの図化」は感じづらく高架橋本体が図となり，桁本体が生み出す反復のリズムが感じられる．こうした印象の違いはスパンの大きさや高架橋を広く捉える視点場の有無などの条件が大きく関係していると考えられる．また，曲線を設ける場合，スパン全体に曲率を与えることが高架橋本体を整った印象とするうえで効果的である．

ここで重要なことは，ハンチの有無やその形状を検討する際には，対象とする構造物のスケールや主要な視点場，その構造物が対象場においてどのような役割を担うかを勘案したうえで適切な形態を選定することである．本項

写真4-14　東北本線 平泉駅付近高架橋

では様々なハンチの形状が与える印象を示したが，こうした効果を認識し，さらに新たな形態を発案・検証することで選択肢の幅が広がり，最終案の選定における論理的な説明も具体的かつ納得性の高いものになると考える．

(5) 高架下利用におけるハンチの効用

前節までに，鉄道高架橋ではハンチが構造物の空隙（ヴォイド）の“図”化を強める性質を示したが，これは**第3編**で取り上げた高架下における「図と地が反転する関係」にも影響を与えているのではないだろうか．縦梁，横梁のハンチが露出した高架橋では，土木躯体そのものが高架下を内部空間として“図”化し，利活用空間としてのまとまりを高めているようにみえる．例えば，中央線高架下（**写真4-15**）と比べ，秋葉原SEEKBASE（**写真4-16**）や日ノ出スタジオ（**写真4-17**，**写真4-18**）では，横梁のハンチがあることによって，高架下通路としての奥行き感や広場としてのまとまりが感じられる．またMA-TO（**写真4-19**）では空隙と建築物とが，半屋外的でありながらも包み込まれたようなまとまりを創出しているように見える．

このように，躯体のハンチによって印象付けられた空隙（ヴォイド）の特徴を踏まえたうえで挿入される機能を検討することも，高架橋と高架下とが引き立て合う理想的な関係を生み出すうえで有効な方法と成り得るのではないだろうか．

写真4-15　中央線

写真4-16　秋葉原SEEKBASE

写真4-17　日ノ出スタジオ1

写真4-18　日ノ出スタジオ2

写真4-19　MA-TO

3. 防音壁 ～その必要性と景観性向上に向けて～

3-1 列車が見えてこその鉄道橋ではないか

鉄道のある風景写真等では，必ず車両が掲載されているように，鉄道においては車両自体が風景を構成する重要な要素となっている．

写真4-20は，2011年に発生した東日本大震災より復旧された常磐線の第三埒木崎高架橋である．高架橋そのものもシンプルで美しいが，視界に車両が存在することで，鉄道であることが一目瞭然である．

本事例は，郊外部の鉄道で防音壁の設置が不要な場合であるが，都市部の在来線や新幹線鉄道においては，一般に防音壁が設置されており，車両全体が確認されない場合が多い．これらを踏まえ，防音壁の高さが鉄道高架橋の景観に与える影響を検証するため，連続立体交差事業として都市部に建設された高架橋の一部を構成する架道橋に対して，防音壁の高さと高架橋・車両の景観性を比較した（**図4-14**）．図 (b), (d) の防音壁高さはR.L＋1.5 m（R.L…レール天端のレベル）であり，実際に設置されている防音壁の高さである．これに対して，図 (a), (c) では，防音壁高さをR.L＋0.5 mとした．図より，

写真4-20 常磐線第三埒木崎高架橋

(a) 防音壁高さ R.L＋0.5 m，車両なし

(b) 防音壁高さ R.L＋1.5 m，車両なし

(c) 防音壁高さ R.L＋0.5 m，車両あり

(d) 防音壁高さ R.L＋1.5 m，車両あり

図4-14　都市部架道橋における防音壁の高さと橋梁および車両の景観性

防音壁を1.0 m低くすることで，高架橋そのものの重量感を軽減し，また車両についてもほぼ全景が視野に入ることが確認できる[6]．しかしながら，**第2編5-2**に示されているとおり，現在においては騒音に対する環境基準上，防音壁の設置が必要不可欠な場合が多い．

図4-15に一般的な国内在来線鉄道高架橋における防音壁と車両の位置関係を示す．環境省における騒音測定の結果では，一般に，防音壁の高さがR.Lより上方1.2～1.5 mの場合に，所定の騒音基準値以下となる傾向が報告されている[7]．これらの高さの場合，車窓からの景観が阻害されないことが，強化ガラス等の透光板ではなく，RC板，FRP板等が一般に使用される要因となっている．また，経済性の観点からコンクリート板が採用されるケースが多いが，事例調査の結果では，RC板防音壁の工事費（材料費＋設置費）は約50千円/mであり，一般的な高架橋建設費の5%程度となる．一方，透光板やFRP板の場合はRC板に比べて，約1.5～2倍程度の工事費となる．

本章では，このような背景のもと，防音壁が必要となった背景を概説し，

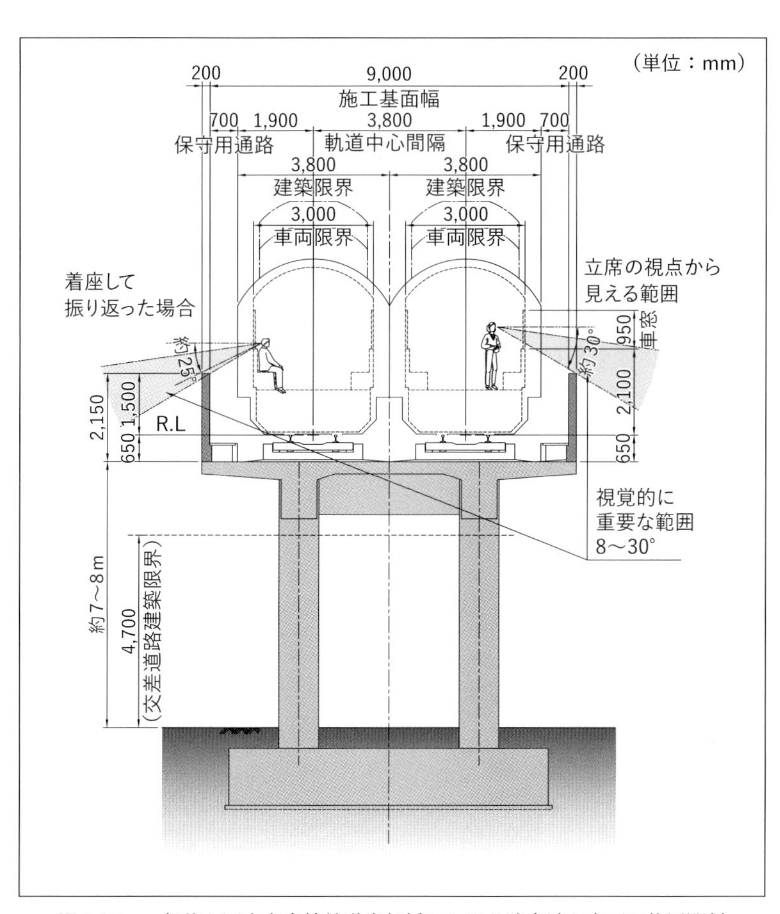

図4-15　一般的な国内在来線鉄道高架橋における防音壁と車両の位置関係

景観性を改善する防音壁のあり方を模索することとする．

3-2　防音壁の設置事例からみる意匠操作

前述した社会的背景と，高度成長期以降の大量生産の中で，施工の簡略化かつ経済的な防音壁として，“画一的で一様な壁”が散見されるようになった．しかしながら，現代にも種々の工夫が施された事例も存在し，これらについて紹介する．

(1) 現在設計されている防音壁

① 一様なRC壁とFRP製防音壁の採用

写真4-21に中央線（三鷹・立川間）のラーメン高架橋，**写真4-22**につくばエクスプレス線のアーチスラブ高架橋の例を示す．双方とも防音壁の高さはR.L＋1.5mであり，一様な壁による“閉塞感”がある．ただし，FRP製である前者の防音壁は，RC製の後者の防音壁に比べて，明らかに美観が保たれている．

② RC製防音壁に傾斜を付けた例

写真4-23に中央線・東京駅付近高架橋の例を示す．本事例では防音壁上部に軌道側の傾斜を付けるとともに，下部に逆面取りを施すことにより面を

写真4-21　中央線（三鷹・立川間）連続立体交差，ラーメン高架橋（FRP防音壁，平成22年11月完成）

写真4-22　つくばエクスプレス線，アーチスラブ高架橋（プレキャストRC防音壁，平成17年8月開業）

分割しており，壁面に変化を与える効果が確認される．ただし，この程度の傾斜であれば，防音壁の高さを低く見せる効果は確認されない．

③ テクスチャーを設置した事例

写真4-24に土讃線・高知駅付近高架橋を示す．本事例では，RC製防音壁の下部に鉛直方向のスリットを配置し，さらに塗装することにより，表情に乏しい壁面に変化を与えている．ただし，スリットの間隔が小さく，遠目にはその効果が減少する．また，一様な面が上部にあることで，構造物全体の高さが高く見える課題を有する．

④ 透光板を設置した例

写真4-25に仙石線・鳴瀬川橋梁の例を示す．防風壁として透光板が設置

写真4-23　中央線・東京駅付近高架橋（プレキャストRC防音壁，平成7年7月完成）

写真4-24　土讃線・高知駅付近高架橋（FRP防音壁，平成20年2月完成）

された例であるが，他の事例と比較して，車両の視認性を高めるとともに，桁側面からの景観に開放感を与え，フィンバック橋のフィン形状が創出する「再起性」が強調される景観となっている．また，等間隔に設置された透光板を支持する支柱が防音壁と主桁を明確に分離することにより，主桁の「連続性」を際立たせる景観となっている．

海外の事例として，**写真4-26**にドイツ国ミュンヘンにおける某架道橋の例，**写真4-27**にフランス国TGV地中海線アルク高架橋の例を示す．本事例も，車両の視認性を高め，桁側面からの景観に開放感を与えることで，車両，防音壁，桁本体の視覚的バランスが取れた好事例である．

写真4-25　仙石線，鳴瀬川橋梁（ナイロンコード入りアクリル板，平成12年6月完成）

写真4-26　ドイツ国MVV地方線，イザールタール通りと交差する架道橋（透光板，平成9年撮影）

写真4-27　フランス国TGV地中海線アルク高架橋（アクリル板 1997年完成）

(2) 阿部美樹志の設計（阪急淀川梅田間高架鉄道橋）

ここまでは，現代における防音壁の事例を紹介したが，透光板を使用した事例を除き，防音壁の高さを低く見せ，構造本体の「連続性」を強調する事例は確認されなかった．そこで，鉄道高架橋の黎明期に建設された事例ではあるが，鉄道高架橋の景観デザイン[1)]においても紹介されている大正13（1924）年に阿部美樹志により設計された阪急淀川梅田間高架鉄道橋（**図4-16**）に着目した．

本高架橋は，防音壁下部に高架橋本体構造としての小梁を設置することにより，柱直上の主梁の高さが低く抑えられており，防音壁と梁からなる側面の重量感の軽減に成功している．また，小梁が防音壁としての機能を兼用することにより，テクスチャーが施された防音壁の見た目を低く抑えることにも成功している．さらに，主梁と小梁をつなぐ横梁が「再起性」を創出するとともに，等間隔で配置されたテクスチャーは遠方においても視認性が良く，これにより防音壁と小梁が明確に分離され，小梁（構造本体）の「連続性」を際立たせる景観となっている．

透光板の採用をまず考えるべきであることは，事例調査より明らかであるが，不透明な材質の防音壁を用いた場合における閉塞感，重量感の軽減に対して，阿部美樹志の設計には，大きなヒントが隠されている．

図4-16　阿部美樹志が設計した阪急淀川梅田間高架鉄道橋
(既存図面より復元されたCG)[1)]

3-3　防音壁の景観改善への模索

事例調査の結果を踏まえて，防音壁の形状，テクスチャー，透光板の効果を確認するため，3DCGを用いたケーススタディを行った．

ケーススタディではテクスチャーの効果についても検証するが，テクスチャーを計画するうえでのノウハウについては，既往の研究，ガイドライン等[8),9)]にまとめられており，要点は以下のとおりである．

・対象とする眺望点を明確にして計画する．通常は視点が遠ければギャップを大きくし，近ければ細かくする（視点が遠近両方ある場合，両方勘案したダブルテクスチャーを計画するのが良い）．

・壁面が大きい場合，一様なテクスチャーを施すだけでは閉塞感は改善できず壁面を適切に分節すること（ディビジョン効果）を合わせて考える必要がある．

・一般に，自然光は上から下へ降り注ぐので，横スリットのほうが縦スリットより陰影効果が大きい.

・コンクリート表面にはむらが生じるので，近い視点がある場合には塗装等で表面を均一にする必要がある.

(1) ケーススタディモデルと検討ケース

前節における事例調査より，ケーススタディにおける方針を以下のとおりとした.

① 防音壁の高さは，騒音問題を解決しうる高さとして，R.L＋1.5 mとする.

② 傾斜を付けることの効果を検証する．ここでは，傾斜を上部のみに設置した場合，上下部に設置した場合，上下部に段差を設けた場合を検証する.

③ テクスチャーを付けることの効果を検証する．ここでは，土讃線の例に倣いテクスチャーをスリット形状とした場合（縦・横および上・下），および阿部美樹志の例に倣いテクスチャーを枠形状にした場合を検証する.

④ 透光板を使用することの効果を検証する.

ケーススタディに用いる高架橋は，橋軸方向の柱間隔が10 mの一般的なラーメン高架橋とし，視点場は高架橋の側道とした.

検討ケースを**図4-17**に示す.

(2) ケーススタディより

各ケースにおけるパース図を**図4-18〜4-28**に示す．CASE1〜CASE3を比較すると，CASE1とCASE2ではほとんど違いが確認されないが，CASE3では上下面の陰影が確認される．これらより，上下面の逆向きの勾配が面の分割を明確にし，表情に乏しい壁面に変化を与えることが確認された．また，CASE4より，水平ラインを強調したい場合には，上下面に段差を設けることが有効である.

しかしながら，事例調査で確認されたとおり，いずれの場合も防音壁を低く見せる効果は小さい.

CASE5〜7のテクスチャーを施したケースでは，勾配を設けた場合に比べて，さらに上下面に変化を与える効果がある．また，テクスチャーを施すことにより，テクスチャーが設置されない側の連続性，水平性が明確になることも確認された．しかしながら，テクスチャーを下部に設置した場合は，上部側の連続性，水平性が明確になることにより，外部からの目線が上方寄り

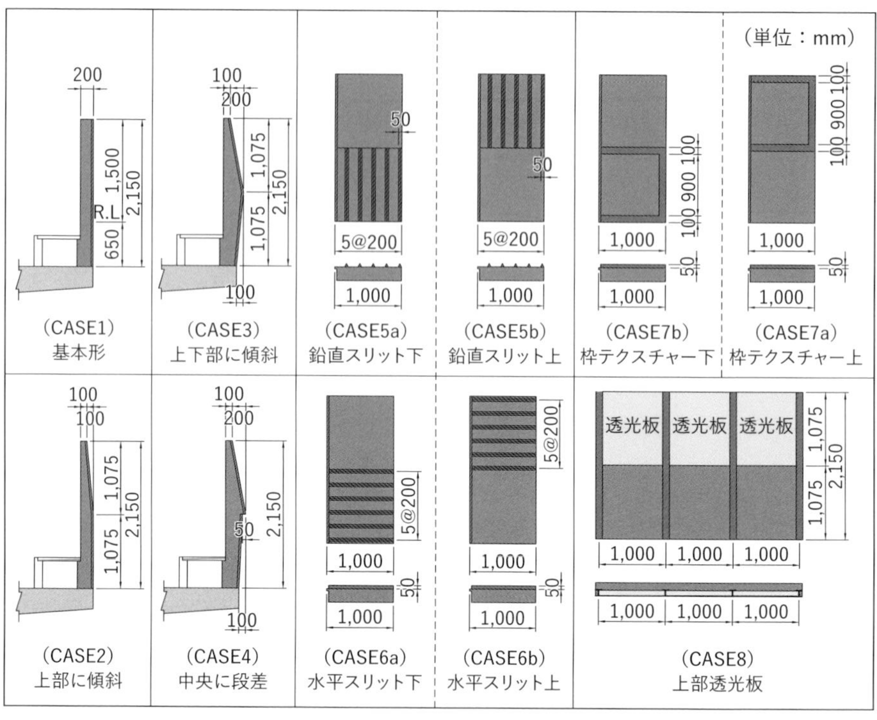

図4-17　ケーススタディにおける防音壁の形状

図4-18
ケーススタディにおけるパース（CASE1）
基本形の直壁

図4-19
ケーススタディにおけるパース
(CASE2)
上部に傾斜を設置したケース

図4-20
ケーススタディにおけるパース
(CASE3)
上下部に傾斜を設置したケース

図4-21
ケーススタディにおけるパース
(CASE4)
中央に段差を設置したケース

となることに注意されたい．防音壁をより低く，目線を下方とする場合には，テクスチャーを上部に設置するのが望ましい．また，スリット方式のテクスチャーでは，視点が遠方になるほどその凹凸は不明瞭となり，面を分割する効果が減少する．

一方，阿部美樹志の例に倣いテクスチャーの間隔を大きくしたCASE7では，遠景においても程よく視覚的区分が保たれている．また，テクスチャーを設置しない側の「連続性」が明確となり，結果，当該部分をあたかも構造本体のように見せ，防音壁自体の高さを低く見せる効果を併せ持つ．すなわち，視点場，構造本体を構成する柱の間隔，梁の高さ，ハンチの形状等に応じて，

図4-22
ケーススタディにおけるパース（CASE5a）
鉛直スリットを下部に設置したケース

図4-23
ケーススタディにおけるパース（CASE5b）
鉛直スリットを上部に設置したケース

図4-24
ケーススタディにおけるパース
(CASE6a)
水平スリットを下部に設置したケース

図4-25
ケーススタディにおけるパース
(CASE6a)
水平スリットを上部に設置したケース

図4-26
ケーススタディにおけるパース
(CASE7a)
枠テクスチャーを下部に設置したケース

図4-27
ケーススタディにおけるパース(CASE7b)
枠テクスチャーを上部に設置したケース

図4-28
ケーススタディにおけるパース(CASE8)
透光板を上部に設置したケース

より良いテクスチャーの大きさ，設置間隔を模索することが重要となる．

上部に透光板を設置したCASE8では，車両の視認性を高めるとともに，桁側面からの景観に開放感を与えることが確認された．また，等間隔に設置された透光板を支持する支柱が，透光板と主桁を明確に分離することにより，主桁の「連続性」を際立たせる景観となることが確認された．

3-4　防音壁のあるべき姿についての提言

事例調査とケーススタディの結果より，防音壁による周辺景観への閉塞感，重量感を生じさせる要因と，防音壁のあるべき姿について，以下にまとめる．

(1) 閉塞感, 重量感の要因

・一様な壁が垂直に立ち上がる防音壁では, 閉塞感が大きい.
・桁本体に対して, 相対的に防音壁高が高いほど, 重量感が大きい.

(2) 閉塞感, 重量感の軽減と景観性の向上

・防音壁に透光板を採用することにより, 車両の視認性を高め, 桁側面からの景観に開放感を与えるとともに, 車両・防音壁・桁本体の視覚的バランスが向上する. また, 透明板を支持する支柱には, 防音壁と構造本体を視覚的に分離し, 構造本体の「連続性」を強調する効果がある.
・防音壁に傾斜を付けたり一部にテクスチャーを設置することで, 表情に乏しい壁面に変化を与えることが可能である. 防音壁を視覚的に低く見せたい場合は, テクスチャーを上部に設置し, 防音壁下部の連続性を強調するのが良い. ただし, テクスチャーは始点が遠方になるほどその凹凸が不明瞭となるため, 構造物の設置条件, 形状に応じてテクスチャーの大きさ, ピッチを検討することが重要である.
・FRP防音壁を採用することにより, 美観が保持される. RC製の壁に傾斜やテクスチャーを設置した場合, 経年的に風雨による汚れが目立つため, FRPの採用等, 美観対策を併用する必要がある.

これらの結果より, 鉄道高架橋の景観性向上にあたっては, まず防音壁への透光板の採用を検討することを推奨する. しかしながら, 鉄道高架橋は公共事業として整備されるのが一般的であるため, 建設にあたってはコストおよび施工性が重要視され, 透光板の採用が困難な場合も多い. このような場合には, 防音壁上部へのテクスチャーを設置することを検討するのが良い. ただし, いずれの場合も, 構造物の設置条件, 形状に応じて, よりバランスの良い透光板支柱の設置ピッチ, テクスチャーの大きさ, ピッチを検討することが重要である.

(3) 防音壁の新たな可能性

① 主桁断面としての利用

写真4-28に常磐線・戸花川橋梁を示す. 本橋は橋長27.7 mのPC中空床版橋であり, 地覆を主桁の有効断面とすることで, 床版桁の桁高を可能な限り低く抑え, 隣接する高架橋の梁高と揃えることに成功している. また, 地覆

の高さが隣接高架橋の高欄と一致しており，素材の違いこそあれ，橋梁–高架橋間の連続性が確認される．これに防音壁が設置された場合も同様の操作が可能といえよう．防音壁の機能を防音装置および防護柵のみではなく，主桁の有効断面と捉えること，すなわち，鳴瀬川橋梁，ドバイメトロ（**第2編，写真2-47**）の例に示される下路桁，中路桁の採用がデザインの自由度を大きく向上させるのである．

写真4-28　常磐線・戸花川橋梁

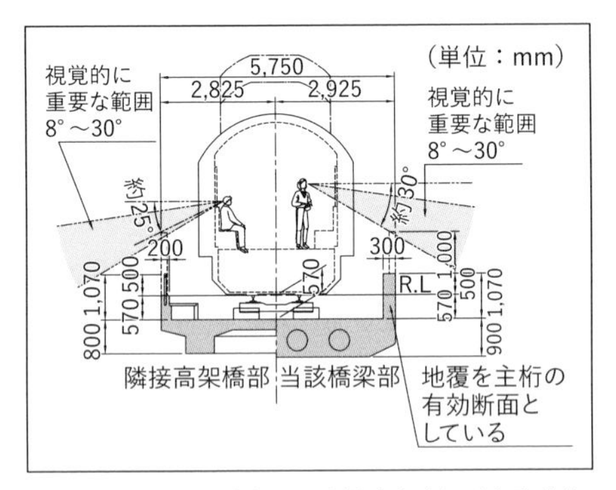

図4-29　戸花川橋梁と隣接高架橋の断面形状

③ 防音壁の設置位置の再考

海外では，防音装置を車両付近に設置することで防音効果を高めた例[10]（**図4-30**）がある．これにより，防音壁の高さを抑えるとともに，防音壁による閉塞感の低減が実現する．国内においても種々の研究[11]が進められているが，軌道設備の保守メンテナンスに課題があり，採用には至っておらず，将来的な技術革新が望まれる．

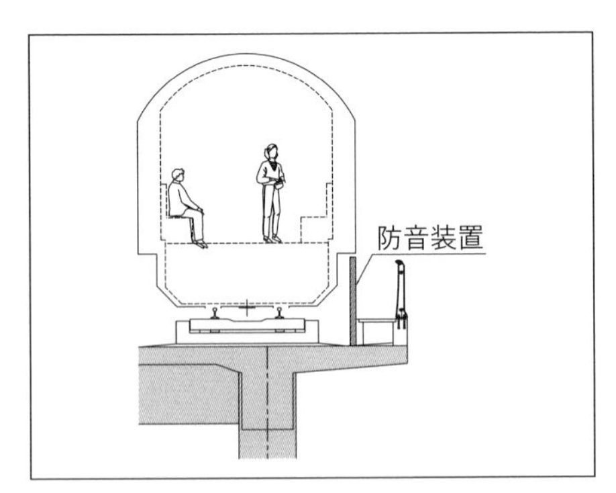

図4-30　防音装置を車両付近に設置した例

4. 鉄道高架橋の美学

4-1 これまでを振り返って

本編でこれまで論じてきたことを相互の関連性を意識しながら振り返ってみよう．以下，(1)は4編の中での登場順序としては後半（第3章）だが，実はもっとも大事な事柄なので，ここでは冒頭に据えることにした．

(1) 列車が見えてこその鉄道高架橋

通過する列車が見えないような鉄道高架橋が，どうして人々に歓迎されようか．鉄道で普通の人々に親しみやすいのは列車であって高架橋ではない．列車に目を輝かせる子供はいても，高架橋にドキドキする子供はおそらくいないのである．

それでも，鉄道騒音は近隣の住宅環境にとって深刻な問題であるから，沿線の土地利用によってはやむなく防音壁を設置するということになる．この防音壁が高架橋をトップヘビーにして威圧感を増大させ，魅力ある列車を覆い隠し，乗客から車窓観賞の楽しみを奪う．したがって，騒音問題，防音壁問題を克服する技術開発の意義はすこぶる大きいのである．

(2) まずは鉄道高架橋の整然とした外観を目指して

本編1章と2章では，主として構造物としての鉄道高架橋の美的活路について検討してきた．常磐線第三埒木崎の鉄道高架橋を例にして，そこには整然とした美があることを確認した．

鉄道高架橋は，一般部で構造美を表出することは難しいから，一般部全体を一貫したものとして整序することに美的活路がある．その整序の手がかりが「連続性」「水平性」「再起性」である．これらを意識しながら，躯体本体，さらに躯体と付属物の関係を整えるのである．

普通には，鉄道高架橋の躯体を構成する水平要素が一定の断面をもって長手方向に延長されることで「連続性」と「水平性」が保持され，橋脚，柱などの鉛直要素が一定の間隔をもって反復されることで「再起性」が保持される．この組合わせによって，延長の大きい鉄道高架橋が，その場その場の事情に支配されてとりとめのない外観を呈することからなんとか脱し，一貫し，安定した構造物に見えるように整序しようというわけである．

問題は，高架橋は往々にして道路と交差し，「連続性」と「再起性」がここで寸断されがちなこと，また，付属物が「連続性」と「再起性」を攪乱しがちなことだ．

(3)「連続性」のための技法を“免罪符”としない

整序の手がかりとして「連続性」が与えられると，それにこだわりすぎて，鉄道高架橋の整序の本質を見過ごすおそれがあることを指摘した（第2章第3節）．互いに異なる構造躯体の相互の接続形態に無関心では困るが，「連続性」と銘打って，断面の擦り付けやフェイシアラインを通すなどの技法を“免罪符”的に採用することが解決の道ではないだろう．まずは接続部が複雑怪奇にならないように考慮した設計こそが重要だ．もちろん，その課題が「連続性」で解けるならそれで構わない．

また，スパンの大きい河川橋は構造美発露の可能性がある，そういう存在だ．一ノ戸川橋梁を思い出してほしい．そのような河川橋と一般部との「連続性」を無理に保とうとすることで，かえって河川橋の構造美が損なわれるおそれすらあることには留意すべきだ．

(4) 河川橋，架道橋は鉄道高架橋のアクセント

「連続性」という観点から一般部と河川部，架道部とを関連づけることに固執せず，河川橋，架道橋を鉄道高架橋のアクセントとして位置づける考え方もありうることを指摘した（第2章第3節）．ただし，これらがアクセント足りうるためには，河川部，架道部自体の構造的まとまりが重要である．そのまとまりを明確にする技法のひとつが対称性だ（写真4-10, 11）．

架道部で，中央径間を道路交差部とする3径間ラーメン橋として設計し，側径間で一般部との接続調整を図った実例も紹介した（写真4-12）．道路交差部だけで独立した構造とする場合に比べ，一般部との接続が複雑怪奇にならず，しかも道路交差部を挟んで左右対称の構造的まとまりが生まれる．また，スパンを考慮した架道橋の構造選択によって，一般部と梁高や梁下高を一貫させる考え方も提示した．

こうした架道部，河川部がアクセントとして際立つためには，一般部が「連続性」と「再起性」で一貫して見えることが重要だ．特に，一般部がビーム

スラブ式ラーメン構造なら，その躯体の接続は背割り式が望ましい．

(5) 電柱がつくる鉄道高架橋らしさ

電柱や付属物は，景観阻害要因（景観上のノイズ）になる危険性をはらんでいるため，電柱支持梁を含めて可能な限り存在感を抑えようという考え方が一般的である．その中で「電柱の中央配置方式」は，電柱総数を削減するとともに電気設備を目立たなくする方策の一つである．

しかしながら，電柱は電化された鉄道施設の生命線であり（**第2章 第4節**），これらを含めて景観を検討することが肝要である．電柱を意匠的に洗練させ，モノポールとして配置する「中央配置方式」は，これを実現する画一的手段と言える．また，同時に防音壁の高さを抑え，透光化等を図り，高架橋の柱が「拍」を，電柱が「リズム感」を創出できればなお良い．**写真4-13**に示した富山大橋が「中央配置方式」の好事例である．また，「従来方式」においても，**写真2-17**に示したつくばエクスプレス線高架橋のように支持梁の凹凸に対する工夫や，電柱そのもののデザインを工夫することによって，より軽快な景観となる改善の余地を残している．

すなわち，電柱や付属物については「景観計画上の消去法と強調法」を適切に使い分けることが重要である．

(6) ハンチの視覚的性質とその対応

一般部をビームスラブ式ラーメン構造とする場合，梁剛性を高めるハンチは，梁や柱よりも，それらの躯体で囲まれた空隙を強調する性質があることが示された（**第2章第5節**）．したがって，梁で「連続性」を，柱で「再起性」を意図しても，ハンチがある限り，梁と柱がつくる空隙の「再起性」の方が際立ってしまう．

梁で「連続性」を，柱で「再起性」を創出して，鉄道高架橋一般部の整序を企図するのであれば，ハンチなしの直線部材の組合わせを基本とするのが良い．あるいは，ハンチと柱が一体と見え，梁とは区切られて見えるような意匠操作が梁＝「連続性」，柱＝「再起性」の表出効果を高める可能性がある．

また，梁と柱で構造材そのものを変えることによって上述の効果を表出させた仙台高速鉄道東西線西公園高架橋（**写真4-5**）の例なども，折々に思い出していただきたい．

一方，ハンチありの躯体，あるいは変断面の梁をもつ躯体が，躯体そのものよりも空隙を強調するという性質は，高架下利用に対しては積極的に受け止めていいだろう．躯体によって内側が包まれて見えるという感覚は，高架下の「屋内性」の創出と響き合う．ハンチをあえて見せて躯体とともに高架下の「屋内性」を演出する．そのことが，商業空間がほかでもない鉄道高架橋とともにあるという特異性も表出することになる（**写真4-16, 17**）．

ハンチは難しい．高架橋をどのような趣旨でデザインするかによって，それをうまく使い分けることが肝要だ．

(7) 防音壁意匠の展開可能性

列車の通行が視認できるという観点からはないほうがよいのだが，騒音対策として設置が要請される防音壁をどうするか．これは特に都市部における鉄道高架橋デザインの最大の問題だといっても過言ではない．

従来，防音壁の意匠設計は，意匠的にきめを与えることでのっぺりとしがちな印象の緩和を図ってきた．しかし，本編の検討によって，これを鉄道高架橋の「連続性」表出に寄与させる可能性がみえてきた（**第3章**）．

結論からいえば，防音壁を上下に二分した意匠操作し，天端を含む上方に“壁としての表情”を，地覆を含む下方に“躯体の水平部材に帰属する表情”を与えるということである．二分して意匠操作するねらいは，まず壁としての見かけ上の高さを低減することにある（**図4-16, 27, 28**）．

上方の“壁としての表情”として考え得るのは，その延長を鉛直方向に分割する意匠だ．だが，分割ピッチがあまり細かいと遠目には下方の表情と区別できなくなるので注意しなくてはならない．下方の“躯体の水平部材に帰属する表情”とは，延長方向に一貫して連なる縦小梁のイメージである．壁の上方と下方のこのような対比によって，下方が，躯体に代わって，あるいは躯体とともに「連続性」表出を担い，躯体のしっかりした印象を生み出す可能性がある．

もっとも，この上下二分のバランスなどについてはまだ不確かな点が多く，今後，さらなる意匠検討が待たれるところだ．

4-2　鉄道高架橋の未来

これまでみてきたように，鉄道高架橋のデザインで大きな位置を占めるのが防音壁だ．この問題の解決は，鉄道の魅力向上の最大のポイントだろう．

(1) 透光式の防音壁

壁を透光式にすることは課題解決の一つの道ではあるが，その透光構造そのもののデザインがさらに問われる．透明にして電車が見えればよい，あるいは車窓が閉ざされなければよいという次元にとどまらず，電車が通過していないときも透光式の防音壁と高架橋が一体となって美しく見えるという次元にデザインの発想を引き上げるべきだろう．一般部ではなく河川部の例だが，鳴瀬川橋梁はこの点で大きな飛躍を見せたといえよう（**写真4-25**）．

(2) 防音壁高さの低減は可能か

壁の透光性の促進とは別に，壁高さを低減させても一定の防音効果が発揮できるような技術の開発も待たれる．これは在来線クラスであれば可能性がある．しかし，高速鉄道では難題だ．騒音の音源として架線とパンタグラフによる集電音が大きいからだ．高速鉄道では防音壁の高さの低減は集電システムの変革を伴ってはじめて現実的となる．

(3) 電柱を美しく見せる

架線方式は，鉄道の一般的な集電方式として今後も継続するだろう．したがって，架線を支持する電柱は今後も鉄道高架橋を特徴づけると考えざるを得ない．電柱は，列車通過時以外も，高架橋が列車（電車）のための構造物であることを教える．とすれば，電柱を美しく見せることは，鉄道高架橋の印象にとって思いのほか重要なのである．この点，構造物設計部隊と電柱部隊との密な連携が望まれるのである．

(4) 超高速鉄道の難題

その一方，鉄道が超高速化すると車両の空気摩擦音は甚大となる．これがゆえに，単純に防音壁の巨大化や筒状化が選択されると，鉄道高架橋は巨大なダクトとそれを支持する構造物のような外観を呈する．この事態は普通に考えて周辺住民から好意的には受け止められまい．構造物の洗練，通過する超高速鉄道の可視化など鉄道の魅力向上も踏まえた総合的な観点から，様々な技術者が連携して騒音抑制技術を進化させることが求められるだろう.

(5) 沿線土地利用の調整という課題

しかし，以上の一切の問題解決を鉄道高架橋のみに期待するのは無理があることも事実だ．鉄道と沿線土地利用との関係調整にこの国の政策が無頓着だった責任は大きい．とりわけ高速鉄道の沿線が不用意に宅地化するのを抑制し，農地もしくは林野が継続的に維持されるよう手を打つべきだったのだ.

もちろん，今からもそれは有効だ．とりわけコンパクトシティ構想が進展し，宅地が集約されていくなら，以上に鑑みた土地利用の再編もあるいは可能かと思われる.

沿線の田園が保全されれば防音壁が不要になる．そうすると，車窓からは広々とした田園を介して地方それぞれの個性的で美しい山岳を眺望でき，他方田園側からは最新で美しい車両が通過するさまを楽しめる．鉄道のこのような有り様は，わが国の国際観光の振興という点からみても重要だ.

これまで鉄道事業者は沿線について開発という観点から眺めたことはあっても，開発抑制という観点から眺めたことはなかっただろう．しかし，適切な開発抑制は，防音壁設置コストの低減につながり，さらに鉄道自体の魅力のみならず，国土景観の魅力の向上，ひいては観光客の鉄道利用者増に資するのである.

実は，このような環境下においてこそ，本編で主張する鉄道高架橋の整然とした美が本当の意味で活きることになるのだ．だから，鉄道事業者は，もっと沿線の土地利用のあり方に積極的な関心を示してしかるべきなのである.

〔参 考 文 献〕

1） Jonas Cohn（和訳は筆者）：*ALLGEMEINE ÄSTHETIK*, VERLAG VON WILHELM ENGELMANN, p.19（1901）

2） 竹内俊雄 編：美学事典，p.146，弘文堂（1961）

3） 復興事務局編：帝都復興事業誌 土木篇（上巻），pp.311-312（1931）

4） J. Cohn，前掲1），p.19

5） 志田悠歩，齋藤潮：鉄道高架橋の造形論 躯体のゲシュタルト知覚から見たハンチもしくは類似形態の視覚的特性にかかる試論，景観・デザイン研究発表会講演集，土木学会（2020）

6） 野澤，池端，高橋：鉄道高架橋の高欄の高さが周辺からの景観に与える影響についての一考察，令和2年度土木学会年次学術講演会，CS3-10

7） 環境省H.P. https://www.env.go.jp/hourei/07/000013.html（閲覧日：2022.2.11）

8） 国立研究開発法人土木研究所　寒地土木研究所：北海道の道路デザインブック（案），pp.8-27（2019.3）

9） 部会長　窪田陽一：コンクリート構造物の表面デザイン，景観デザイン研究会／表面処理部会，pp.51-79（1995.10）

10） KRAIBURG STRAIL – Partner der Bahn H.P https://www.strail.de/laermschutz-strailastic/（閲覧日：2022.2.11）

11） 例えば，小方，長倉：鉄道沿線騒音に対するレール近接防音壁の効果の検証，日本騒音制御工学会2010年秋季研究発表会論文集，pp.131-134（2010）

おわりに

日本の鉄道高架橋はもっと美しくなる，と信じる人達が集まった．技術者の知恵と努力によって成し遂げられる，そういう鉄道高架橋のデザインの考え方を多くの人々に伝えたい，という願いが本書をつくった．

鉄道高架橋のデザイン．しかしそれは何のために必要で，そもそもそれはいったい何なのか．

鉄道車両は今や積極的なデザインの対象だ．デザインによって車内の快適性の向上をはかる．デザインは顧客サービスの一環だ．通勤電車も車両の更新を機にしばしばデザインを一新してきた．まして長距離特急列車は鉄道の華，路線の顔である．鉄道各社はこぞってデザインに力を入れてきた．デザインによって車両が耳目を集め，人々はその個性的で快適な車両に乗ろうと，あえて旅行を企画する．鉄道車両のデザインは顧客獲得に寄与する．

いっぽう，鉄道高架橋のデザインは収益論では説明しづらい．わが国の都市が，田園が，山林が，海岸が，河川がそれぞれ放つ魅力に対し鉄道高架橋はどうあるべきかという美学だ．ここで鉄道高架橋が美しいとは，それが車両のように華麗であることを必ずしも意味しない．国土の風景の中に鉄道高架橋が違和感なくおさまってみえる．それが最も大事なことだ．

そんな地味な仕事はデザインと呼べるのか，とお思いになるかもしれない．しかし，デザインするとは，もののかたちに一定の責任をもつ，ということだ．必ずしも外観を華やかにすることではない．こういうかたちをもったものとしてまとめよう，と全体と部分との関係を整序すること．それがデザインだ．この過程を放棄すると，ものはまとまりを保てない．そうなると，傍目にはそれがぞんざいに扱われているように映る．これが異物感，ひいては違和感に繋がる．

全体と部分との関係の整序．もちろん，これが鉄道高架橋で簡単ではないことは著者一同わかっているつもりだ．しかしだからと言ってこれを放棄すると，全体はバラバラな部分の寄せ集めに見えてしまう．構造物が作り手に大事に扱われていないかのように映りかねない．

鉄道高架橋が，観光立国の旗揚げをしたわが国の都市，田園，山林，海岸，河川風景の中に，ぞんざいに扱われているかのごとき異物感を放ってあるとすれば，それはまことに残念だ．だから，これからなしうることを共有したい．鉄道高架橋設計技術の変遷も把握し，先人の知恵にも学ぼう．これまで先輩諸兄が工夫してきたことも見渡そうと手分けして，本書『鉄道高架橋デザイン』が成った．

編集にあたり，鉄道にかかる事実関係については注意して誤謬を正してきたつもりだが，さらにお気づきの点があればご教示，ご叱正賜りたい．いっぽう，デザインの考え方についてはあくまで本書の見解であって絶対的なものではない．制約条件に応じて柔軟に考えるべき場面もあるだろう．創意工夫がさらに求められることもあるだろう．また，鉄道技術の進展に伴って今後更新していくべき事項も多々あるだろう．ただ，いずれにしても，国土の風景に鉄道高架橋を大事に横たえる気持ちをもち続けていただきたいと，私どもの願いはそこに尽きるのである．

著者諸兄に代わって

土木学会 景観・デザイン委員会 鉄道橋小委員会
齋藤 潮

索　引

あ行

か行

さ行

た行

な行

は行

ま行

や行

ら行

英数字

プロフィール

齋藤 潮（さいとう うしお）：1957年山形県生まれ．東京工業大学工学部助手，運輸省港湾技術研究所，東京大学工学部助教授，東京工業大学環境・社会理工学院教授．博士（工学）．専門は景観論，公共空間デザイン論．主著に『環境と都市のデザイン』（共編著，学芸出版社，2004年），『名山へのまなざし』（講談社現代新書，2006年），『日本風景史』（共編著，昭和堂，2015年）など．

池端 文哉（いけはた ぶんや）：1972年大阪府生まれ，兵庫県出身．パシフィックコンサルタンツ株式会社在籍．つくばエクスプレス線，整備新幹線，首都圏および関西圏連立交差事業などの橋梁・高架橋の設計に携わる他，たわみ測定，衝撃振動試験などの計測業務を実施．近年は，モノレール，LRTなどの設計に幅を広げている．近年の発表論文は，「宇都宮LRT鬼怒川橋梁の計画と設計」，「鉄道高架橋の高欄の形状・材質が景観に与える影響についての基礎的研究」など．技術士（建設部門，総合技術監理部門），建設コンサルタンツ協会鉄道専門委員会．

WON YIN SWEE（うぉん いえんすい）：1976年マレーシアジョホール州に生まれ，日本に留学，大学卒業後，株式会社復建エンジニヤリングに入社し，首都圏を中心に鉄道高架化に係わる高架橋・橋りょうの計画・設計，整備新幹線（九州新幹線・北陸新幹線・北海道新幹線）の高架橋・橋りょうの計画・設計に携わる．JR東海コンサルタンツ株式会社に出向し中央新幹線に係わる構造物の設計・協議などに携わる．現在は中央新幹線の高架橋・橋りょうの設計などに従事．技術士（建設部門）．専門は鉄道構造物の計画および設計．

後藤 孝一（ごとう こういち）：1972年千葉県生まれ．八千代エンジニヤリング株式会社在籍．主に整備新幹線等の鉄道橋や道路橋，構造物の設計に従事．専門は橋梁設計（PC構造，RC構造）．主な関連プロジェクトは，つくばエクスプレス線 第1, 2谷中架道橋，北陸新幹線 姫川橋梁，須沢高架橋，手取川橋梁，第1～3竹田川橋梁，九頭竜川橋梁，九州新幹線 第2本明川橋梁，他多数．発表論文は，「PCフィンバック橋の計画・設計」，「移動式支保工架設による連続PC箱桁橋の設計・施工」など．RCCM（鋼構造及びコンクリート）．

志田 悠歩（しだ ゆうほ）：1985年東京都生まれ．2010年にパシフィックコンサルタンツ（株）に入社．以降，主に鉄道橋，道路橋，ペデストリアンデッキの設計に携わる．専門は橋梁設計．主な関連プロジェクトは，肥薩線球磨川橋梁改築計画，中央新幹線 橋梁デザイン検討，札幌駅跨線路橋新設計画など．近年の発表論文は「鉄道高架橋の景観・デザインに関する基礎的研究」，「鉄道高架橋の造形論　躯体のゲシュタルト知覚からみたハンチもしくは類似形態の視覚的効果にかかる試論」など．

清水 靖史（しみず やすし）：1983年群馬県館林市生まれ．JR東日本コンサルタンツに入社し，駅の改良工事に伴う設計，連続立体交差事業・河川改修に伴う高架橋・橋りょうなどの土木構造物の設計に携わる．主な関連プロジェクトは，常磐線高架橋の災害復旧や，都市部における連立事業の高架橋の計画・設計など．技術士（建設部門）．専門は鉄道構造物設計．

進藤 良則（しんどう よしのり）：1972年埼玉県生まれ．日本鉄道建設公団（現，独立行政法人鉄道建設・運輸施設整備支援機構）に入社．北陸新幹線の橋梁・高架橋の建設，つくばエクスプレス線のシールドトンネルの建設，鉄道総研へ出向し技術基準類を整備，東北地方太平洋沖地震で被災した三陸鉄道の災害復旧工事，九州新幹線の建設に従事．その他として土木学会コンクリート標準示方書の改訂作業など．専門はコンクリート構造・耐震設計．

醍醐 宏治（だいご こうじ）：1982年静岡県生まれ．東日本旅客鉄道（株）に入社し，南武線稲城長沼駅付近連続立体交差化や新宿駅改良，環状第4号線整備といった建設プロジェクトの設計や工事計画・発注，施工監理等を中心に従事．その他，コンクリート構造物の計画，設計，維持管理および地震対策に関する技術支援や社内技術基準の作成に携わる．技術士（建設部門）．専門はコンクリート構造・耐震設計．

友竹 幸治（ともたけ こうじ）：1978年広島県生まれ．JR東日本コンサルタンツに入社し，駅の改良や橋梁・鉄道高架橋などのコンクリート構造物の設計に携わる．JR東日本に出向し鉄道高架化工事の発注・施工監督や地震対策を推進するための技術支援・指導に携わる．主な関連プロジェクトは，横浜駅改良，大塚駅改良，新橋駅改良，新潟駅付近高架化，インド高速鉄道の土木構造物設計など．東京都在住．技術士（建設部門）．専門は鉄道構造物設計．

二井 昭佳（にい あきよし）：1975年山梨県上野原市生まれ．アジア航測で橋の設計に携わり，現在は国士舘大学理工学部まちづくり学系教授．博士（工学）．専門は土木デザイン，防災景観論．関与した主なプロジェクトに，太田川大橋（広島市・土木学会田中賞・土木学会デザイン賞最優秀賞）や桜小橋（東京都中央区・土木学会デザイン賞優秀賞），税関前歩道橋（神戸市）や道の駅「伊豆・月ヶ瀬」，吉里吉里地区復興まちづくり（岩手県大槌町）など．

野澤 伸一郎（のざわ しんいちろう）：1958年長野県生まれ，東京都出身．1981年国鉄入社．2006年より構造技術センターでJR東日本内の橋梁・高架橋，トンネル，土工，駅舎等の鉄道構造物の計画・設計から維持・管理に関する技術指導や社内基準作成を実施．博士（工学），技術士（建設部門，総合技術監理部門）．共著書に『巨大地震と高速鉄道』（山海堂，2007年），『鉄道と自然災害』（日刊工業新聞社，2016年）ほか．

畑山 義人（はたやま よしひと）：1954年北海道生まれ．清水建設に入社し，設計部にゼネコン初の景観デザイン部署を開設．その後ドーコン，JR東日本コンサルタンツを経て，現在は札幌市に在住．東京工業大学，北海道大学等で構造デザイン分野の非常勤講師を兼務．技術士（建設部門）．専門は橋梁と景観デザイン．関係した鉄道橋は仙石線鳴瀬川橋梁，仙台地下鉄東西線広瀬川橋梁・西公園高架橋など．共著書に『景観用語事典』（彰国社，1998年）ほか．

鉄道高架橋デザイン

2022年11月1日　第1刷発行

著　者　公益社団法人 土木学会
　　　　景観・デザイン委員会鉄道橋小委員会

発行者　高橋　一彦

発行所　株式会社 建設図書

〒101-0021　東京都千代田区外神田2-2-17
TEL:03-3255-6684／FAX:03-3253-7967
http://www.kensetutosho.com

方法の如何を問わず無断転載・複写を禁じます.
乱丁・落丁はお取り替えします.

製　作：株式会社シナノパブリッシングプレス

ISBN978-4-87459-226-7　　22113000　　Printed in Japan